高等职业教育系列教材

网络设备管理与维护

主　编　齐　虹
副主编　张　晶　闫　明　胡涛涛
参　编　任雁汇　于　洋

机械工业出版社

本书以构建安全的计算机网络为主线，按照计算机网络基础知识、华为网络硬件设备及软件 eNSP 简介、小型局域网的构建、中型局域网的构建、局域网安全与管理、互联互通的广域网、园区网络构建综合应用内容组织教学。本书共 7 章，第 1 章介绍了计算机网络的基础知识，包括计算机网络的相关概念、网络体系结构、网络的分类及相关传输介质；第 2 章介绍了网络设备和华为仿真模拟软件 eNSP 的基本操作；第 3 章介绍了用交换机和路由器构建小型局域网的设计思路和配置方法，并介绍了网络环路问题、扩展带宽的解决方案；第 4 章介绍了利用三层网络设备构建中型局域网的设计思路和配置方法；第 5 章介绍了如何实现网络的安全管理，确保构建安全可靠的网络；第 6 章介绍了广域网的设计技术，重点介绍了广域网的安全认证和 NAT 地址转换问题；第 7 章通过实际项目，融合课程所学知识，进行园区网络的综合设计训练。

本书既可以作为高等职业院校、应用型本科院校计算机网络技术、通信技术、物联网应用技术、计算机应用技术、信息安全与管理、云计算技术与应用等专业的理实一体化教材和自学参考书，也可作为以上相关专业的工程技术人员和管理人员自学提高的工具用书。

本书提供 59 个二维码的资源，可通过手机扫描文中相应二维码进行观看和学习；本书提供配套的电子课件、习题及答案，需要的教师可登录 www.cmpedu.com 进行免费注册，审核通过后即可下载；或者联系编辑索取（QQ：1239258369，电话：010-88379739）。

图书在版编目（CIP）数据

网络设备管理与维护 / 齐虹主编． —北京：机械工业出版社，2018.12
（2024.7 重印）
高等职业教育系列教材
ISBN 978-7-111-61058-8

Ⅰ．①网… Ⅱ．①齐… Ⅲ．①网络设备－设备管理－高等职业教育－教材②网络设备－维修－高等职业教育－教材 Ⅳ．①TN915.05

中国版本图书馆 CIP 数据核字（2018）第 227581 号

机械工业出版社（北京市百万庄大街 22 号　邮政编码 100037）
策划编辑：李文轶　　责任编辑：李文轶
责任校对：张艳霞　　责任印制：李　昂

北京捷迅佳彩印刷有限公司印刷

2024 年 7 月第 1 版·第 8 次印刷
184mm×260mm·12.5 印张·303 千字
标准书号：ISBN 978-7-111-61058-8
定价：39.00 元

凡购本书，如有缺页、倒页、脱页，由本社发行部调换

电话服务	网络服务
服务咨询热线：（010）88379833	机 工 官 网：www.cmpbook.com
读者购书热线：（010）88379649	机 工 官 博：weibo.com/cmp1952
	教育服务网：www.cmpedu.com
封面无防伪标均为盗版	金 书 网：www.golden-book.com

前　言

随着计算机网络技术的发展，以及计算机网络在我们日常生活中的普遍应用，计算机网络无处不在地影响着我们的生活。华为公司相关产品在国内市场所占份额具有领先地位，本书结合华为的网络设备及技术，介绍了如何构建基本的计算机网络的方法，并对设备管理与维护进行了介绍，以适应产业与行业的需求。

本书内容包括计算机网络基础知识、华为网络硬件设备及软件 eNSP 简介、小型局域网的构建、中型局域网的构建、局域网安全与管理、互联互通的广域网、园区网络构建综合应用。第 1 章介绍了计算机网络的基本知识，包括计算机网络的相关概念、网络体系结构、网络的分类及相关传输介质。第 2 章介绍了网络设备和华为模拟仿真软件 eNSP 的基本操作。第 3 章介绍了用交换机和路由器构建小型局域网的设计思路和配置方法，并介绍了网络环路问题、扩展带宽的解决方案。第 4 章介绍了利用三层网络设备构建中型局域网的设计思路和配置方法。第 5 章介绍了如何实现网络的安全管理，确保构建安全可靠的网络。第 6 章介绍了广域网的设计技术，重点介绍了广域网的安全认证和 NAT 地址转换问题。第 7 章通过实际项目，融合课程所学知识，进行园区网络的综合设计训练。

编者总结了多年高职教学经验，结合企业人才岗位需求调研分析，以知识"够用、实用"为原则，确定了本书的知识点和技能点，以强化学生的技能训练为目标，组织学校专业教师、企业专业技术人员共同完成本书内容的编写和资源的制作，形成为高职院校和应用型本科院校学生量身定制的"网络设备配置与维护"课程的实用教材。

本书在介绍计算机设备使用时，以华为公司的路由交换产品为例，并且以华为公司开发的模拟器 eNSP 为训练软件，具有一定的代表性。

在本书的编写过程中，在对网络设备的配置与维护的工作岗位需求进行认真调研分析，和对本书内容的知识点和技能点的确定进行充分论证的过程中，华为公司相关人员提供了大量帮助，在此表示感谢。本书由天津电子信息职业技术学院齐虹担任主编，其中，第 1 章和第 2 章由齐虹、胡涛涛编写，第 3 章和第 4 章由闫明、任雁汇编写，第 5 章由于洋编写，第 6 章和第 7 章由张晶编写。全书由齐虹统稿。

本书配有 59 个二维码资源，可通过手机扫描文中相应二维码进行观看。

由于编者水平有限，书中难免存在不足之处，请读者批评指正。

编　者

目　录

前言
第1章　计算机网络基础知识 ... 1
1.1　通信与网络 ... 1
1.1.1　计算机网络的定义 ... 1
1.1.2　计算机网络的功能 ... 2
1.1.3　计算机网络的应用 ... 3
1.1.4　计算机网络的组成 ... 4
1.2　OSI 模型和 TCP/IP 模型 ... 6
1.2.1　OSI 参考模型 ... 6
1.2.2　TCP/IP 参考模型 ... 10
1.3　网络类型 ... 13
1.3.1　按网络覆盖的地理范围分类 ... 13
1.3.2　按传输技术分类 ... 14
1.3.3　按其他方法分类 ... 14
1.4　传输介质及通信方式 ... 17
1.4.1　传输介质 ... 17
1.4.2　通信方式 ... 19
1.5　本章小结 ... 20
1.6　本章练习 ... 21
第2章　华为网络硬件设备及软件 eNSP 简介 ... 22
2.1　网络设备概述 ... 22
2.1.1　网络设备简介 ... 22
2.1.2　网络设备的远程管理 ... 23
2.2　eNSP 简介及 VRP 基本操作 ... 23
2.2.1　eNSP 简介 ... 23
2.2.2　VRP 基本操作 ... 36
2.3　本章小结 ... 41
2.4　本章练习 ... 41
第3章　小型局域网的构建 ... 43
3.1　VLAN 技术简介 ... 43
3.1.1　VLAN 的基础配置 ... 43
3.1.2　VLAN 类型 ... 44
3.2　交换机端口类型 ... 45
3.2.1　交换机端口类型介绍 ... 45

		3.2.2 基于交换机端口的实训项目	46
3.3	单臂路由		54
	3.3.1	单臂路由简介	54
	3.3.2	基于单臂路由技术的实训项目	55
3.4	三层交换机的 VLAN 间路由		61
	3.4.1	三层交换机简介	61
	3.4.2	基于三层交换机的实训项目	63
3.5	生成树协议		66
	3.5.1	STP 简介	66
	3.5.2	基于 STP 的实训项目	69
3.6	快速生成树协议		77
	3.6.1	RSTP 简介	77
	3.6.2	基于 RSTP 的实训项目	78
3.7	链路聚合		87
	3.7.1	链路聚合技术简介	87
	3.7.2	基于 Eth-Trunk 链路聚合技术的实训项目	89
3.8	本章小结		96
3.9	本章练习		97

第 4 章 中型局域网的构建 98

4.1	静态路由及默认路由		98
	4.1.1	静态路由技术及默认路由技术简介	98
	4.1.2	基于静态路由和默认路由技术的实训项目	100
4.2	路由信息协议		108
	4.2.1	路由信息协议概述	108
	4.2.2	RIP 的原理	108
	4.2.3	RIP 的运行	109
	4.2.4	RIP 的消息格式及配置命令	111
	4.2.5	基于 RIP 的实训项目	113
4.3	开放式最短路径优先协议		121
	4.3.1	开放式最短路径优先协议概述	121
	4.3.2	OSPF 的工作原理	122
	4.3.3	OSPF 的基本配置命令	127
	4.3.4	基于 OSPF 的实训项目	131
4.4	本章小结		135
4.5	本章练习		136

第 5 章 局域网安全与管理 137

5.1	网络安全技术简介		137
5.2	交换机端口安全		137
	5.2.1	MAC 地址表的分类	138

V

		5.2.2 MAC 地址表的管理命令	138
	5.3	基本访问控制列表	143
		5.3.1 基本访问控制列表简介	143
		5.3.2 基于 ACL 的实训项目	145
	5.4	高级访问控制列表	150
		5.4.1 高级访问控制列表简介	150
		5.4.2 基于高级 ACL 的实训项目	150
	5.5	本章小结	154
	5.6	本章练习	155
第 6 章	互联互通的广域网		157
	6.1	HDLC 简介	157
		6.1.1 HDLC 概述	157
		6.1.2 HDLC 的基本原理	158
		6.1.3 配置 HDLC	160
	6.2	PPP 简介	162
		6.2.1 PPP 概述	162
		6.2.2 PPP 会话的基本原理	163
		6.2.3 配置 PPP 认证	166
	6.3	NAT 简介	168
		6.3.1 NAT 的基本概念	169
		6.3.2 NAT 的工作原理	170
		6.3.3 配置 NAT	170
		6.3.4 基于 NAT 的实训项目	172
	6.4	本章小结	175
	6.5	本章练习	175
第 7 章	园区网络构建综合应用		177
	7.1	项目介绍	177
	7.2	项目分析	178
	7.3	项目实施	178
		7.3.1 IP 数据规划	178
		7.3.2 项目配置	179
	7.4	本章小结	189
	7.5	本章练习	189
参考文献			192

第 1 章 计算机网络基础知识

本章要点

- 了解计算机网络的组成和功能。
- 掌握 OSI 和 TCP/IP 模型。
- 掌握不同计算机网络类型的特点。
- 了解计算机网络不同的传输介质和通信方式的特点。

从 20 世纪 80 年代末期以来，随着计算机技术的迅猛发展，计算机的应用也逐步渗透到我们生活的各个方面和社会生产技术的各个领域。现在是信息化的时代，数据需要分步同时处理，以及世界各地大量信息资源需要共享等种种的需求，促使当代的计算机技术与通信技术进行了一次又一次的结合，而它们结合的直接产物就是计算机网络。那么，计算机网络是由什么设备构成的呢？它是如何工作的呢？

本章将介绍计算机网络基础知识，对计算机网络的定义、功能、应用和组成进行概括描述，对计算机网络的 OSI 和 TCP/IP 进行阐述，并分别讲解不同规模计算机网络的特点，以及计算机网络的不同传输介质的特点和通信方式，使读者对网络基础知识有一定了解。

1.1 通信与网络

1.1.1 计算机网络的定义

码 1-1　通信与网络

随着 Internet 技术的飞速发展和信息基础设施的不断完善，计算机网络技术正改变着人们的生活、学习以及工作方式，推动着社会的进步。那么，究竟什么是计算机网络呢？

计算机网络是指利用通信线路和通信设备，把分布在不同地理位置、具有独立功能的多台计算机系统、终端及其附属设备互相连接，以功能完善的网络软件（网络操作系统和网络通信协议等）实现资源共享和网络通信的计算机系统的集合。它是计算机技术和通信技术相结合的产物。

具有独立功能的计算机系统是指入网的每一个计算机系统都有自己的软、硬件系统，都能完全地工作，各个计算机系统之间没有控制与被控制的关系，网络中的任意一个计算机系统只在需要使用网络服务时才自愿登录上网，真正进入网络工作环境。

通信线路和通信设备是指通信媒介和相应的通信设备。通信媒介可以是光纤、双绞线、微波等多种形式。一个地域范围较大的网络中可能使用多种媒介。将计算机系统与通信媒介连接，需要使用一些与媒介类型有关的接口设备以及信号转换设备。

网络操作系统和网络通信协议是指在每个入网的计算机系统的系统软件之上增加的，专门用来实现网络通信、资源管理、网络服务的软件。

资源是指网络中可以共享的所有软、硬件，包括程序、数据库、存储设备、打印机等。

由以上定义可知，带有多个终端的多用户系统、多机系统都不是计算机网络。通信部门的电话、电报系统是通信系统，也不是计算机网络。

如今，我们可以随处接触到各式各样的计算机网络，如企业网、校园网、图书馆的图书检索网、商贸大楼内的计算机收费网，还有提供多种多样接入方式的Internet等。

1.1.2 计算机网络的功能

计算机网络具有丰富的资源以及功能，其主要功能是资源共享和数据通信。

1. 资源共享

资源共享就是共享网络上的硬件资源、软件资源和信息资源。

（1）硬件资源

计算机网络的主要功能之一就是共享硬件资源，即连接在网络上的用户可以共享使用的各种不同类型的硬件设备。共享硬件资源的好处是显而易见的。一个低性能的计算机可以通过网络使用不同的设备，充分发挥资源的潜能，提高了资源的利用率。硬件资源包括各种设备，如打印机、FAX、Modem等。

（2）软件资源

互联网上有极其丰富的软件资源，可以让大家共享，如网络操作系统、应用软件、工具软件等。共享软件允许多个用户同时调用服务器的各种软件资源，并且保持数据的完整性和统一性。用户可以通过使用各种类型的网络应用软件，共享远程服务器的软件资源；也可以将共享软件下载到本机使用，如匿名的FTP。

（3）信息资源

信息是一种非常重要且宝贵的资源。互联网就是一个巨大的信息资源宝库，其内容极其丰富，涉及各个领域。每个用户接入互联网都可以共享这些信息资源，可以任何时间、任何地点、任何形式地去浏览、访问、搜索需要的资源。

2. 通信功能

组建计算机网络的主要目的就是使分布在不同地理位置的计算机用户能够相互通信、交流信息和共享资源。计算机网络中的计算机与计算机之间或计算机与终端之间，可以快速可靠地相互传递各种信息，如数据、程序、文件、图形、声音、视频等。利用网络的通信功能，人们可以进行各种远程通信，实现各种网上的应用，如收发邮件、视频点播（Video On Demand，VOD）、视频会议（Video Conferencing）、远程教学、远程医疗、在网上发布各种信息、进行各种讨论等。

3. 分布式处理与负载均衡

通过计算机网络，海量的处理任务可以分配到分散在全球各地的计算机上。例如，一个大型ICP（Internet Content Provider）的网络访问量相当大，为了支持更多的用户访问其网站，在全世界多个地方部署了相同内容的WWW（World Wide Web，万维网）服务器；通过一定技术使不同地域的用户看到放置在离其最近的服务器上的相同页面，这样可以实现各服务器的负载均衡，并使得通信距离缩短。

4. 综合信息服务

网络发展的趋势是应用日益多元化，即在一套系统上提供集成的信息服务，如图像、语音、数据等。在多元化发展的趋势下，新形式的网络应用不断涌现，如电子邮件（E-mail）、IP 电话、视频点播、网络营销（E-marketing）、视频会议等。

1.1.3 计算机网络的应用

计算机网络在资源共享和信息交换方面所具有的功能是其他系统所不能替代的。计算机网络所具有的高可靠性、高性价比和易扩充性等优点，使得它在工业、农业、交通运输、邮电通信、文化教育、商业、国防以及科学研究等各个领域、各个行业获得了越来越广泛的应用。我国有关部门也已制定了"金桥""金关"和"金卡"三大工程，以及其他的一些金字号工程。这些工程都以计算机网络为基础设施，也是计算机网络的具体应用。计算机网络的应用范围非常广泛，本小节仅介绍一些带有普遍意义和典型意义的应用领域。

1. 办公自动化（Office Automation，OA）

按计算机系统结构来看，办公自动化系统是计算机网络，每个办公室相当于一个工作站。它集计算机技术、数据库、局域网、远距离通信技术以及人工智能、声音、图像、文字处理技术等于一体，是一种全新的信息处理方式。办公自动化系统的核心是通信，其所提供的通信手段主要为数据/声音综合服务、视频会议服务和电子邮件服务。

2. 电子数据交换（Electronic Data Interchange，EDI）

电子数据交换将贸易、运输、保险、银行、海关等行业信息用一种国际公认的标准格式，通过计算机网络通信实现各企业之间的数据交换，并完成以贸易为中心的业务全过程。EDI 在发达国家的应用已很广泛，我国的"金关"工程就是以 EDI 作为通信平台的。

3. 远程交换（Telecommuting）

远程交换是一种在线服务（Online Serving）系统，原指在工作人员与其办公室之间的计算机通信形式，通俗的说法即为家庭办公。一个公司的本部与子公司办公室之间也可通过远程交换系统实现在不同地点办公。远程交换的作用不仅仅是工作场地的转移，它大大加强了企业的活力与快速反应能力。近年来各大企业的本部纷纷采用一种称为"虚拟办公室"（Virtual Office）的技术，创造出一种全新的商业环境与空间。远程交换技术的发展对世界整个经济的运作规则产生了巨大的影响。

4. 证券及期货交易

证券及期货交易由于其获利巨大、风险巨大，且行情变化迅速，投资者对信息的依赖显得格外突出。金融业通过在线计算机网络提供证券市场分析、预测、金融管理、投资计划等需要大量计算工作的服务，提供在线股票经纪人服务和在线数据库服务（包括最新股价数据库、历史股价数据库、股指数据库以及有关新闻、文章、股评等）。

5. 广播分组交换

广播分组交换实际上是一种无线广播与在线系统结合的特殊服务。该系统使用户在任何地点都可使用在线服务系统。广播分组交换可提供电子邮件、新闻、文件等传送服务，无线广播与在线系统可以通过调制解调器，再通过电话局结合在一起。移动式电话也属于广播系统。

6. 校园网（Campus Network）

校园网是在大学校园内用于完成大中型计算机资源及其他网内资源共享的通信网络。一些发达国家已将校园网确定为信息高速公路的主要分支。无论在国内还是国外，校园网存在与否是衡量该院校学术水平与管理水平的重要标志,也是提高学校教学、科研水平不可或缺的重要支撑环节。共享资源是校园网最基本的应用,人们通过网络更有效地共享各种软、硬件及信息资源,为众多的科研人员提供一种崭新的合作环境。校园网可以提供异型机联网的公共计算环境、海量的用户文件存储空间、昂贵的打印、输出设备、图文并茂的电子图书信息,以及为各级行政人员服务的行政信息管理系统和为一般用户服务的电子邮件系统。

7. 信息高速公路

如同现代高速公路的结构一样,信息高速公路也分为主干、分支及树叶。图像、声音、文字转换为数字信号在光纤主干线上传送,由交换技术送到电话线或电缆分支线上,最终送到具体的用户"树叶"。主干部分由光纤及其附属设备组成,是信息高速公路的骨架。

1.1.4 计算机网络的组成

计算机网络是计算机应用的高级形式,它充分体现了信息传输与分配手段、信息处理手段的有机联系。从用户角度出发,计算机网络可看成一个透明的数据传输机构,网络上的用户在访问网络中的资源时不必考虑网络的存在。

1. 计算机网络系统的组成

从网络逻辑功能角度来看,可以将计算机网络分成通信子网和资源子网两部分,如图 1-1 所示。

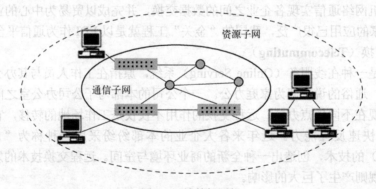

图 1-1 计算机网络

网络系统以通信子网为中心,通信子网处于网络的内层,由网络中的通信控制处理器、其他通信设备、通信线路和用作信息交换的计算机组成,负责完成网络数据传输、转发等通信处理任务。目前的通信子网一般由路由器、交换机、通信线路和其他网络设备组成。

资源子网处于网络的外围,由主机系统、终端、终端控制器、外部设备、各种软件资源与信息资源等组成,负责全网的数据处理业务,向网络用户提供各种网络资源和网络服务。主机系统是资源子网的主要组成部分,它通过高速通信线路与通信子网的通信控制处理器相连接。普通用户终端可通过主机系统连接入网,但随着计算机网络技术的不断发展,在现在的网络系统中,直接使用主机系统的用户在减少,资源子网的概念已有所变化。

从网络组成的硬件和软件角度来看,可以将计算机网络分成网络硬件系统和网络软件系统。

网络硬件系统是指构成计算机网络的硬件设备,包括各种计算机硬件、终端设备及通信设备。常见的网络硬件有计算机主机、网络终端、传输介质、网卡、集线器、交换机、路由器等。

网络软件系统主要包括网络通信协议、网络操作系统和各类网络应用系统。常见的网络软件系统有服务器操作系统、工作站操作系统、网络通信协议、设备驱动程序、网络管理系统软件、网络安全软件、网络应用软件等。

2. 计算机系统的组成

计算机系统主要完成数据信息的收集、存储、处理和输出，提供各种网络资源。根据在网络中的用途，计算机系统可分为主计算机和终端。

主计算机负责数据处理和网络控制，是构成网络的主要资源。主计算机又称主机，主要有大型机、中型机和微机。

终端是网络中数量大、分布广的设备，是用户进行网络操作、实现人机对话的工具。既能作为终端又可作为独立的计算机使用的被称为工作站。

3. 网络操作系统

网络操作系统（NOS，Net Operating System）是网络的心脏和灵魂，是向网络计算机提供服务的特殊的操作系统。它在计算机操作系统下工作，使计算机操作系统增加了网络操作所需要的功能。网络操作系统运行在称为服务器的计算机上，并由联网的计算机用户共享，这类用户称为客户。

LAN（Local Area Network，局域网）中的网络操作系统的分类如下。

（1）Windows 类

Windows 类操作系统是由 Microsoft（微软）公司开发的。微软公司的 Windows 系统不仅在个人操作系统中占有绝对优势，而且在网络操作系统中也具有非常强劲的力量。这类操作系统配置在整个局域网中是最常见的。由于它对服务器的硬件要求较高，且稳定性能不是很高，所以微软的网络操作系统一般只用在中低档服务器中，高端服务器通常采用 UNIX、Linux 或 Solaris 等非 Windows 操作系统。在局域网中，微软的网络操作系统主要有 Windows NT 4.0 Server、Windows 2000 Server/Advance Server，以及最新的 Windows 2003 Server/Advance Server 等，工作站系统可以采用任一 Windows 或非 Windows 操作系统，包括个人操作系统，如 Windows 9x、Windows ME、Windows XP 等。

在整个 Windows 网络操作系统中最为成功的还是 Windows NT 4.0。它几乎成为了中小型企业局域网的标准操作系统，它继承了 Windows 家族统一的界面，使用户使用起来更加容易；它的功能也的确比较强大，基本上能满足所有中小型企业的各项网络需求。虽然与 Windows 2000 Server、Windows 2003 Server 系统相比，它在功能上要逊色许多，但它对服务器的硬件配置要求要低很多，可以更大程度上满足中小企业的 PC 服务器配置需求。

（2）Linux 类

Linux 类是一种新型的网络操作系统，它的最大的特点就是源代码开放，可以免费得到许多应用程序。目前也有中文版本的 Linux，如 Redhat、红旗 Linux 等。它在国内得到了用户充分的肯定，主要体现在它的安全性和稳定性方面。它与 UNIX 有许多类似之处。目前 Linux 类操作系统主要应用于中高档服务器中。

总的来说，对特定计算环境的支持使得每一种操作系统都有适合于自己的工作场合。例如，Windows 2000 Professional 适用于桌面计算机，Linux 目前较适用于小型的网络，而

Windows 2000 Server 和 UNIX 则适用于大型服务器应用程序。因此，对于不同的网络应用，需要选择合适的网络操作系统。

4. 网络协议

网络上的计算机之间又是如何交换信息的呢？网络上的各台计算机之间也有一种语言——网络协议，不同的计算机之间只有使用相同的网络协议才能进行通信。

网络协议是网络上所有设备（网络服务器、计算机及交换机、路由器、防火墙等）之间通信规则的集合，它规定了通信时信息必须采用的格式和这些格式的意义。大多数网络都采用分层的体系结构，每一层都建立在它的下层之上，向它的上一层提供一定的服务，而把如何实现这一服务的细节对上一层加以屏蔽。一台设备上的第 n 层与另一台设备上的第 n 层进行通信的规则就是第 n 层协议。在网络的各层中存在着许多协议，接收方和发送方同层的协议必须一致，否则一方将无法识别另一方发出的信息。网络协议使网络上的各种设备能够相互交换信息。常见的协议有 TCP/IP、IPX/SPX 协议、NetBEUI 协议等。

1.2 OSI 模型和 TCP/IP 模型

1.2.1 OSI 参考模型

码 1-2　OSI 模型和 TCP/IP 模型

在网络发展的早期时代，网络技术的发展变化非常快，计算机网络变得越来越复杂，新的协议和应用不断产生，而网络设备大部分都是按厂商自己的标准生产的，不能兼容，很难相互间进行通信。

为了解决网络之间的兼容性问题，实现网络设备间的相互通信，ISO（国际标准化组织）于 1984 年提出了 OSI 参考模型（Open System Interconnection Reference Model，开放系统互联参考模型）。OSI 参考模型很快成为计算机网络通信的基础模型。OSI 参考模型是应用在局域网和广域网上的一套普遍适用的规范集合，它使得全球范围的计算机平台可进行开放式通信。OSI 参考模型说明了网络的架构体系和标准，并描述了网络中的信息是如何传输的。多年以来，OSI 模型极大地促进了网络通信的发展，也充分体现了为网络软件和硬件实施标准化做出的努力。

1. OSI 参考模型的产生

OSI 模型是对发生在网络设备间的信息传输过程的一种理论化描述，它仅仅是一种理论模型，并没有定义如何通过硬件和软件实现每一层功能，与实际使用的协议（如 TCP/IP）是有一定区别的。虽然 OSI 仅是一种理论化的模型，但它是所有网络学习的基础，因此除了应了解各层的名称外，还应深入了解它们的功能及各层之间是如何工作的。

OSI 参考模型很重要的一个特性是分层体系结构。分层设计方法可以将庞大而复杂的问题转化为若干较小且易于处理的子问题。

可以设想在两台设备之间进行通信时，两台设备必须要高度地协调工作，包括从物理的传输介质到应用程序的接口等方方面面，这种"协调"是相当复杂的。为了降低网络设计的复杂性，OSI 参考模型采用了层次化的结构模型，以实现网络的分层设计，从而将庞大而复杂的问题转化为若干较小且易于处理的子问题。这与编写程序的思想非常相似。在编写一个功能复杂的程序时，为了方便编写和代码调试，不可能在主程序里将所有代码一气呵成，而是将问题划分为若干个子功能,由不同的函数分别去完成。主程序通过调用函数实现整个程序的功能,从而有效地简化了程序的设计和编写。一旦出现错误,也可以很容易地将问题定位到相应的功能函数。

分层体系结构将复杂的网络通信过程分解到各个功能层次,各个层次的设计和测试相对独立,并不依赖于操作系统或其他因素,层次间也无须了解其他层是如何实现的,从而简化了设备间的互通性和互操作性。采用统一的标准的层次化模型后,各个设备生产厂商遵循标准进行产品的设计开发,有效地保证了产品间的兼容性。就像建造房屋的建筑商可以使用其他厂商提供的原材料,而不必自己从头开始制作一砖一瓦一样,一个厂商可以将其他厂商提供的模块作为基础,只专注于某一层软件或硬件的开发,使得开发周期大大缩短,费用大为降低。

总之,OSI 参考模型具有以下优点。

(1) 开放的标准化接口

通过规范各个层次之间的标准化接口,各个厂商可以自由地生产出网络产品,这种开放给网络产业的发展注入了活力。

(2) 多厂商兼容性

采用统一的标准的层次化模型后,各个设备生产厂商遵循标准进行产品的设计开发,有效地保证了产品间的兼容性。

(3) 易于理解、学习和更新协议标准

由于各层次之间相对独立,使得讨论、制定和学习协议标准变得比较容易,某一层次协议标准的改变不会影响其他层次的协议。

(4) 实现模块化工程,降低了开发实现的复杂度

每个厂商都可以专注于某一个层次或某一模块,独立开发自己的产品,这样的模块化开发降低了单一产品或模块的复杂度,提高了开发效率,降低了开发费用。

(5) 便于故障排除

一旦发生网络故障,就可以比较容易地将故障定位于某一层次,进而快速找出故障的原因。

2. OSI 参考模型的层次结构

OSI 参考模型采用了层次结构,将整个网络的通信功能划分成 7 个层次,每个层次完成不同的功能。这 7 层由低层到高层分别是物理层、数据链路层、网络层、传输层、会话层、表示层和应用层,如图 1-2 所示。

分层	功能
应用层	网络服务与最终用户的一个接口
表示层	数据的表示、安全、压缩
会话层	建立、管理、中止会话
传输层	定义传输数据的协议端口号,以及流控和差错校验
网络层	进行逻辑地址寻址,实现不同网络之间的路径选择
数据链路层	建立逻辑连接、进行硬件地址寻址、差错校验等功能
物理层	建立、维护、断开物理连接

图 1-2 OSI 参考模型

OSI 参考模型的每一层都负责完成某些特定的通信任务，并只与紧邻的上层和下层进行数据的交换。

（1）物理层

物理层是 OSI 参考模型的最底层或称为第一层，其功能是在终端设备间传输比特流。物理层并不是指物理设备或物理媒介，而是有关物理设备通过物理媒体进行互连的描述和规定。物理层协议定义了通信传输介质的以下 4 方面特性。

1）机械特性：用于说明接口所用接线器的形状和尺寸、引线数目和排列等，如人们见到的各种规格的电源插头的尺寸都有严格的规定。

2）电气特性：说明在接口电缆的每根线上出现的电压、电流范围。

3）功能特性：说明某根线上出现的某一电平的电压表示何种意义。

4）规程特性：说明不同功能的各种可能事件的出现顺序。

物理层以比特流的方式传送来自数据链路层的数据，而不理会数据的含义或格式。同样，它接收数据后直接传给数据链路层。也就是说，物理层只能看到 0 和 1，它不能理解所处理的比特流的具体意义。

（2）数据链路层

数据链路层负责在某一特定的介质或链路上传递数据。因此，数据链路层协议与链路介质有较强的相关性，不同的传输介质需要不同的数据链路层协议给予支持。数据链路层的主要功能如下。

1）帧同步：即编成帧和识别帧。物理层只发送和接收比特流，而并不关心这些比特的次序、结构和含义；在数据链路层，数据以帧为单位传送。因此，发送方需要数据链路层将比特编成帧，接收方需要数据链路层能从接收到的比特流中明确地区分出数据帧起始与终止的地方。帧同步的方法包括字节计数法、使用字符或比特填充的首尾定界符法，以及违法编码法等。

2）数据链路的建立、维持和释放：当网络中的设备要进行通信时，通信双方有时必须先建立一条数据链路，在建立链路时需要保证安全性，在传输过程中要维持数据链路，而在通信结束后要释放数据链路。

3）传输资源控制：在一些共享介质上，多个终端设备可能同时需要发送数据，此时必须由数据链路层协议对资源的分配加以裁决。

4）流量控制：为了确保正常地收发数据，防止发送数据过快，导致接收方的缓存空间溢出，网络出现拥塞，就必须及时控制发送方发送数据的速率。数据链路层控制的是相邻两结点之间数据链路上的流量。

5）差错控制：由于比特流传输时可能产生差错，而物理层无法辨别错误，因此数据链路层协议需要以帧为单位实施差错检测。最常用的差错检测方法是 FCS（Frame Check Sequence，帧校验序列）。发送方在发送一个帧时，根据其内容，通过诸如 CRC（Cyclic Redundancy Check，循环冗余校验）这样的算法计算出校验和（Checksum），并将其加入此帧的 FCS 字段中并发送给接收方。接收方通过对校验和进行检查，检测收到的帧在传输过程中是否发生差错。一旦发现差错，就丢弃此帧。

6）寻址：数据链路层协议应该能够标识介质上的所有结点，并且能寻找到目的结点，以便将数据发送到正确的目的地。

7) 标识上层数据：数据链路层采用透明传输的方法传送网络层包，它对网络层提供无差错的数据链路。为了在同一链路上支持多种网络层协议，发送方必须在帧的控制信息中标识载荷（即包）所属的网络层协议，这样接收方才能将载荷提交给正确的上层协议来处理。

(3) 网络层

在网络层，数据的传送单位是包。网络层的任务就是选择合适的路径并转发数据包，使数据包能够正确无误地从发送方传递到接收方。网络层的主要功能如下。

1) 编址：网络层为每个结点分配标识，这就是网络层的地址。地址的分配为从源到目的的路径选择提供了基础。

2) 路由选择：网络层的一个关键作用是要确定从源到目的的数据传递应该如何选择路由，网络层设备在计算路由之后，按照路由信息对数据包进行转发。执行网络层路由选择的设备称为路由器（Router）。

3) 拥塞控制：如果网络同时传送过多的数据包，则可能会产生拥塞，导致数据丢失或延迟。网络层也负责对网络上的拥塞进行控制。

4) 异种网络互联：通信链路和介质类型是多种多样的，每一种链路都有其特殊的通信规定，网络层必须能够工作在多种多样的链路和介质类型上，以便能够跨越多个网段提供通信服务。

网络层处于传输层和数据链路层之间，它负责向传输层提供服务，同时负责将网络地址翻译成对应的物理地址。网络层协议还能协调发送、传输及接收设备的处理能力的不平衡性，如网络层可以对数据进行分段和重组，以使得数据包的长度能够满足该链路的数据链路层协议所支持的最大数据帧长度。

(4) 传输层

传输层传送的数据单位是段。传输层从会话层接收数据，并传递给网络层。如果会话层数据过大，则传输层将其切割成较小的数据单元（段）进行传送。

传输层负责创建端到端的透明的通信连接。通过这一层，通信双方主机上的应用程序之间通过对方的地址信息直接进行对话，而不用考虑它们之间的网络上有多少个中间结点。

传输层既可以为每个会话层请求建立一个单独的连接，也可以根据连接的使用情况为多个会话层请求建立一个单独的连接，这称为多路复用（Multiplexing）。

传输层的另一个重要工作是差错校验和重传。传输层为会话层提供无差错的传送链路，保证两台设备间传递信息正确无误。数据包在网络传输中可能出现错误，也可能出现乱序、丢失等情况，传输层必须能检测并更正这些错误。一个数据流中的包在网络中传递时，如果通过不同的路径到达目的地，就可能造成到达顺序的改变。接收方的传输层应该可以识别出包的顺序，并且在将这些包的内容传递给会话层之前将它们恢复成发送时的顺序。接收方的传输层不仅要对数据包重新排序，还需验证所有的包是否都已收到。如果出现错误和丢失，则接收方必须请求对方重新传送丢失的包。

为了避免发送速度超出网络或接收方的处理能力，传输层还负责执行流量控制（Flow Control），在资源不足时降低流量，而在资源充足时提高流量。

(5) 会话层、表示层和应用层

1) 会话层：会话层向传输层提供端到端服务，向表示层或会话用户提供会话服务。就像它的名字一样，会话层建立会话关系，并保持会话过程的畅通，决定通信是否被中断及下次通信从何处重新开始发送。例如，某个用户登录到一个远程系统，并与之交换信息，会话层管理这一进程，控制哪一方有权发送信息，哪一方必须接收信息，这其实是一种同步机制。

会话层也处理差错恢复。例如，若一个用户正在网络上发送一个大文件的内容，而网络突然发生故障，当网络恢复工作时，用户是否必须从该文件的起始处开始重传呢？回答是否定的，因为会话层允许用户在一个长的信息流中插入检查点，只需将最后一个检查点以后丢弃的数据重传即可。

如果传输在低层偶尔中断，则会话层将努力重新建立通信。例如，当用户通过拨号向ISP（因特网服务提供商）请求连接到因特网时，ISP服务器上的会话层向用户的PC上的会话层进行协商连接。若用户的电话线偶然从墙上插孔脱落，则终端机上的会话层会检测到连接中断并重新发起连接。

2）表示层：表示层负责将应用层的信息"表示"成一种格式，让对端设备能够正确识别，它主要关注传输信息的语义和语法。在表示层，数据将按照某种一致同意的方法对数据进行编码，以便使用相同表示层协议的计算机能互相识别数据。例如，一幅图像可以表示为JPEG格式，也可以表示为BMP格式，如果对方程序不识别本方的表示方法，就无法正确显示这幅图片。

表示层还负责数据的加密和压缩。加密（Encryption）是对数据编码进行一定的转换，让未授权的用户不能截取或阅读的过程。如果有人未授权时就截取了数据，看到的将是加过密的数据。压缩（Compression）是指在保持数据原意的基础上减少信息的比特数。如果传输很昂贵，则压缩可显著地降低费用，并提高单位时间发送的信息量。

3）应用层：应用层是OSI的最高层，它直接与用户和应用程序打交道，负责对软件提供接口以使程序能使用网络服务。这里的网络服务包括文件传输、文件管理、电子邮件的消息处理等。必须强调的是，应用层并不等同于一个应用程序。例如，在网络上发送电子邮件，用户的请求就是通过应用层传输到网络的。

1.2.2 TCP/IP 参考模型

1. TCP/IP 参考模型的产生

OSI参考模型的诞生为清晰地理解互联网络、开发网络产品和设计网络等带来了极大的方便。但是OSI参考模型过于复杂，难以完全实现；OSI参考模型的各层功能具有一定的重复性，效率较低；再加上OSI参考模型提出时，TCP/IP已逐渐占据主导地位，因此OSI参考模型并没有流行开来，也从来没有存在一种完全遵守OSI参考模型的协议族。

TCP/IP起源于20世纪60年代末美国政府资助的一个分组交换网络研究项目，20世纪90年代已发展成为计算机之间最常用的网络协议。它是一个真正的开放系统，因为协议族的定义及其多种实现可以免费或花很少的钱。它已成为"全球互联网"或"因特网"的基础协议族。

TCP/IP的特点：开放的协议标准，可以免费使用，并且独立于特定的计算机硬件与操作系统；独立于特定的网络硬件，可以运作在局域网、广域网及互联网中；统一的网络地址分配方案，使得整个TCP/IP设备在网中都具有唯一的地址；标准化的高层协议，可以提供多种可靠的用户服务。

10

2．TCP/IP 参考模型的层次

与 OSI 参考模型一样，TCP/IP 也采用层次化结构，每一层负责不同的通信功能。TCP/IP 简化了层次设计，将网络划分为 4 层，分别是应用层、传输层、网络层和网络接口层。实际上，TCP/IP 参考模型与 OSI 参考模型是有一定对应关系的，如图 1-3 所示。

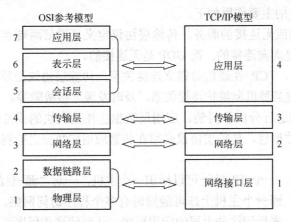

图 1-3　OSI 参考模型与 TCP/IP 模型对应的层次结构

（1）网络接口层

TCP/IP 本身对网络层之下并没有严格的描述，但是 TCP/IP 主机必须使用某种下层协议连接到网络，以便进行通信。TCP/IP 必须能运行在多种下层协议上，以便实现端到端、与链路无关的网络通信。TCP/IP 的网络接口层正是负责处理与传输介质相关的细节，为上层提供一致的网络接口。因此，TCP/IP 模型的网络接口层大体对应于 OSI 参考模型的数据链路层和物理层，通常包括计算机和网络设备的接口驱动程序与网络接口卡等。

TCP/IP 可以基于大部分局域网或广域网技术运行，这些协议可以划分到网络接口层中。

典型的网络接口层技术包括常见的以太网、FDDI（Fiber Distributed Data Interface，光纤分布式数据接口）和令牌环（Token Ring）等局域网技术，用于串行连接的 SLIP（Serial Line IP，串行线路 IP）、HDLC（High-level Data Link Control，高级数据链路控制）和 PPP（Point-to-Point Protocol，点到点协议）等技术，以及常见的 X.25、帧中继（Frame Relay）和 ATM（Asynchronous Transfer Mode，异步传输模式）等分组交换技术。

（2）网络层

网络层是 TCP/IP 体系的关键部分。它的主要功能是使主机能够将信息发往任何网络并传送到正确的目的主机。

基于这些要求，网络层定义了包格式及其协议——IP（Internet Protocol，网际协议）。网络层使用 IP 地址（IP address）标识网络结点；使用路由协议生成路由信息，并且根据这些路由信息实现包的转发，使包能够准确地传送到目的地；使用 ICMP（Internet Control Message Protocol，互联网控制消息协议）、IGMP（Internet Group Management Protocol，互联网组管理协议）这样的协议协助管理网络。TCP/IP 网络层在功能上与 OSI 网络层极为相似。

ICMP 通常也被当作一个网络层协议。ICMP 通过一套预定义的消息在互联网上传递 IP 的相关信息，从而对 IP 网络提供管理控制功能。ICMP 的一个典型应用是探测 IP 网络的可达性。

（3）传输层

TCP/IP 的传输层位于应用层和网络层之间，主要负责为两台主机上的应用程序提供端到端的连续，使源、目的端主机上的对等实体可以进行会话。TCP/IP 的传输层协议主要包括 TCP（Transmission Control Protocol，传输控制协议）和 UDP（User Datagram Protocol，用户数据报协议）。TCP/IP 的主要作用如下。

1）提供面向连接或无连接的服务。传输层协议定义了通信两端点之间是否需要建立可靠的连接关系。TCP 是面向连接的，而 UDP 是无连接的。

2）维护连接状态。TCP 在通信前建立连接关系，传输层协议必须在其数据库中记录这种连接关系，并且通过某种机制维护连接关系，及时发现连接故障等。

3）对应用层数据进行分段和封装。应用层数据往往是大块的或持续的数据流，而网络只能发送长度有限的数据包，传输层协议必须在传输应用层数据之前将其划分成合适尺寸的段，再交给 IP 发送。

4）实现多路复用。一个 IP 地址可以标识一个主机，一对"源-目的" IP 地址可以标识一对主机的通信关系，而一个主机上却可能同时有多个程序访问网络，因此 TCP/UDP 采用端口号（Port Number）来标识这些上层的应用程序，从而使这些程序可以复用网络通道。

5）可靠地传输数据。数据在跨网络的传输过程中可能出现错误、丢失、乱序等种种问题，传输层协议必须能够检测并更正这些问题。TCP 通过序列号与校验和等机制检查数据传输中发生的错误，并可以重新传递出错的数据。而 UDP 提供非可靠性数据传输，数据传输的可靠性由应用层保证。

6）执行流量控制。当发送方的发送速率超过接收方的接收速率时，或者当资源不足以支持数据的处理时，传输层负责将流量控制在合理的水平；反之，当资源允许时，传输层可以放开流量，使其增加到适当的水平。通过流量控制可防止网络拥塞造成数据包的丢失。TCP 通过滑动窗口机制对端到端流量进行控制。

（4）应用层

TCP/IP 模型没有单独的会话层和表示层，其功能融合在 TCP/IP 应用层中。应用层直接与用户和应用程序打交道，负责对软件提供接口以便程序能使用网络服务。这里的网络服务包括文件传输、文件管理、电子邮件的消息处理等。典型的应用层协议包括 Telnet、FTP、SMTP、SNMP 等。

Telnet 的名字具有双重含义，既指这种应用，也指协议自身。Telnet 给用户提供了一种通过联网的终端登录远程服务器的方式。

FTP（File Transfer Protocol，文件传输协议）是用于文件传输的 Internet 标准。FTP 支持文本文件（如 ASCII、二进制等）和面向字节流的文件结构。FTP 使用传输层协议 TCP 在支持 FTP 的终端系统间执行文件传输，因此 FTP 被认为提供了可靠的面向连接的文件传输能力，适合于远距离、可靠性较差的线路上的文件传输。

TFTP（Trivial File Transfer Protocol，简单文件传输协议）也用于文件传输。使用 UDP 提供服务，被认为是不可靠的、无连接的。TFTP 通常用于可靠的局域网内部的文件传输。

SMTP（Simple Mail Transfer Protocol，简单邮件传输协议）支持文本邮件的 Internet 传输。所有的操作系统都具有使用 SMTP 收发电子邮件的客户端程序，绝大多数 Internet 服务提供者使用 SMTP 作为其输出邮件服务的协议。SMTP 可在各种网络环境下进行电子邮件信息的传输，实际上，SMTP 真正关心的不是邮件如何被传送，而是邮件是否顺利到达目的地。SMTP 具有健壮的邮件处理特性，这种特性允许邮件依据一定标准自动路由。SMTP 具有当邮件地址不存在时立即通知用户的功能，并且具有把在一定时间内不可传输的邮件返回发送方的特点。

SNMP（Simple Network Management Protocol，简单网络管理协议）负责网络设备监控和维护，支持安全管理、性能管理等。

HTTP（HyperText Transfer Protocol，超文本传输协议）是 WWW 的基础，Internet 上的数据主要通过 HTTP 进行传输。

1.3 网络类型

1.3.1 按网络覆盖的地理范围分类

码 1-3 网络类型

按计算机网络覆盖范围的大小，可以将计算机网络分为局域网（Local Area Network，LAN）、城域网（Metropolitan Area Network，MAN）、广域网（Wide Area Network，WAN）。

1. 局域网

局域网是在一个局部的地理范围内（如一个学校、工厂和机关内），一般是方圆几千米以内，将各种计算机、外部设备和数据库等互相连接起来组成的计算机通信网。网络传输速率高，一般为 10～100Mbit/s，甚至可以到 100Gbit/s。它可以通过数据通信网或专用数据电路与远方的局域网、数据库或处理中心相连接，构成一个较大范围的信息处理系统。局域网可以实现文件管理、应用软件共享、打印机共享、扫描仪共享、工作组内的日程安排、电子邮件和传真通信服务等功能。局域网严格意义上是封闭型的。它可以由几台甚至成千上万台计算机组成。常用的拓扑结构有总线型、星形和环形等。

2. 城域网

城域网是在一个城市范围内所建立的计算机通信网，属宽带局域网。它的传输媒介主要是光缆，传输速率在 100Mbit/s 以上。城域网的典型应用即为宽带城域网，就是在城市范围内，以 IP 和 ATM 电信技术为基础，以光纤作为传输媒介，集数据、语音、视频服务于一体的高带宽、多功能、多业务接入的多媒体通信网络。宽带城域网能满足政府机构、金融保险、大中小学校、公司企业等单位对高速率、高质量数据通信业务日益旺盛的需求，特别是快速发展起来的互联网用户群对宽带高速上网的需求。宽带城域网的发展经历了一个漫长的时期，从传统的语音业务到图像和视频业务，从基础的视听服务到各种各样的增值业务，从 64kbit/s 的基础服务到 2.5Gbit/s、10Gbit/s 等的租线业务。随着技术的发展和需求的不断增加，业务的种类也不断发展、变化。目前我国逐步完善的城市宽带城域网已经给人们的生活带来了许多便利，高速上网、视频点播、视频通话、网络电视、远程教育、远程会议等这些人们正在使用的各种互联网应用，背后正是城域网发挥的巨大作用。局域网或广域网通常是为一个单位或系统服务的，而城域网则是为整个城市而不是为某个特定的部门服务的。建设局域网或广域网包括建设资源子网和建设通信子网两个方面。而城域网的建设主要集中在通信子网上，其中也包含两个方面：一是城市骨干网，它与中国的骨干网相连；二是城市接入网,它把本地所有的联网用户与城市骨干网相连。

3. 广域网

广域网也称远程网,通常跨接很大的物理范围,所覆盖的范围从几十千米到几千千米,它能连接多个城市或国家,或横跨几个洲并能提供远距离通信,形成国际性的远程网络。

广域网覆盖的范围比局域网(LAN)和城域网(MAN)广阔。广域网的通信子网主要使用分组交换技术。广域网的通信子网可以利用公用分组交换网、卫星通信网和无线分组交换网,它将分布在不同地区的局域网或计算机系统互联起来,达到资源共享的目的。如因特网(Internet)是世界范围内最大的广域网。

广域网的作用是实现远距离计算机之间的数据传输和资源共享。

1.3.2 按传输技术分类

1. 广播式网络

在广播式网络(Broadcast Network)中,仅有一条通信通道,网络上的所有计算机都共享这一条公共通信通道。当一台计算机在信道上发送分组或数据包时,网络中的每台计算机都会接收到这个分组,并且将自己的地址与分组中的目的地址进行比较,如果相同,则处理该分组,否则将其丢弃。

在广播式网络中,若某个分组发出以后,网络上的每一台计算机都接收并处理它,则称这种方式为广播;若分组是发送给网络中的某些计算机的,则称为多点播送或组播;若分组只发送给网络中的某一台计算机,则称为单播。

2. 点到点网络

与广播式网络相反,在点到点网络中,每条物理线路连接两台计算机。假如计算机之间没有直接连接的线路,那么它们之间的分组传输只有通过一个或多个中间结点的接收、存储、转发,才能将分组从信源发送到目的地。由于连接多台计算机之间的线路结构可能更加复杂,因此从源结点到目的结点可能存在多条路由。分组从通信子网的源结点到达目的结点的路由选择需要路由选择算法实现,因此在点到点的网络中如何选择最佳路径显得特别重要。采用分组存储转发与路由选择机制是点到点网络与广播式网络的重要区别。

1.3.3 按其他方法分类

1. 按局域网的标准协议分类

根据网络所用的局域网标准协议分类,可以把计算机网络分为以太网、快速以太网、千兆以太网、万兆以太网和令牌环网。

2. 按使用的传输介质分类

传输介质是指数据传输系统中发送装置和接收装置间的物理媒体,按其物理形态可以分为有线和无线两大类。传输介质采用有线介质连接的网络称为有线网,常用的有线传输介质有双绞线、同轴电缆和光纤。无线局域网使用的是无线传输介质,常用的无线传输介质有无线电、微波、红外线、激光等。

3. 按网络的拓扑结构分类

计算机网络的物理连接形式叫作物理拓扑结构。连接在网络上的计算机、大容量的外存、高速打印机等设备均可看作网络上的一个结点,也称为工作站。计算机网络中常用的拓扑结构有总线型、星形、环形、树形、网状混合型等。

4. 按所使用的网络操作系统分类

根据网络所使用的操作系统分类，可以把网络分为 Netware 网、UNIX 网、Windows NT 网等。

【拓展：拓扑结构】

网络的拓扑结构是指网络中通信线路和站点（计算机或设备）的几何排列形式。

（1）星形网络

星形拓扑结构是一种以中央结点为中心，把若干外围结点连接起来的辐射式互连结构，各结点与中央结点通过点与点方式连接，中央结点执行集中式通信控制策略，因此中央结点相当复杂，负担也重。这种结构适用于局域网，特别是近年来连接的局域网大都采用这种连接方式。这种连接方式以双绞线或同轴电缆作为连接线路。在中心放一台中心计算机，每个臂的端点放置一台 PC，所有的数据包及报文通过中心计算机来通信，除了中心计算机外，每台 PC 仅有一条连接，这种结构需要大量的电缆。星形拓扑可以看成一层的树形结构，不需要多层 PC 争用访问权。星形拓扑结构在网络布线中较为常见，其结构如图 1-4 所示。

以星形拓扑结构组网，其中任何两个站点要进行通信都要经过中央结点控制。中央结点的主要功能如下：为需要通信的设备建立物理连接；在两台设备通信过程中维持这一通路；在完成通信或不成功时，拆除通道。

（2）环形网络

环形网中的各结点通过环路接口连在一条首尾相连的闭合环形通信线路中，就是把每台 PC 连接起来，数据沿着环形网络依次通过每台 PC 直接到达目的地，环路上的任何结点均可以请求发送信息。请求一旦被批准，就可以向环路发送信息。环形网中的数据可以是单向传输，也可是双向传输。信息在每台设备上的延时时间是固定的。由于环线公用，一个结点发出的信息必须穿越环中所有的环路接口，信息流中的目的地址与环上某结点地址相符时，信息被该结点的环路接口所接收，而后信息继续流向下一环路接口，一直流到发送该信息的环路接口结点为止。该结构特别适合实时控制的局域网系统。在环形结构中，每台 PC 都与另外两台 PC 相连，每台 PC 的接口适配器必须接收数据再传往另一台。因为两台 PC 之间都有电缆，所以能获得好的性能。最著名的环形拓扑结构网络是令牌环网，如图 1-5 所示。

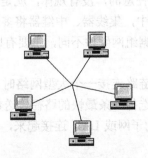
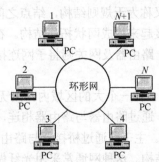

图 1-4　星形网络结构图　　　　图 1-5　环形网络结构图

（3）总线型网络

总线型拓扑是一种基于多点连接的拓扑结构，是将网络中的所有设备通过相应的硬件接口直接连接在共同的传输介质上。总线型拓扑结构使用一条所有 PC 都可访问的公共通道，每台 PC 只要连一条线缆即可。在总线型拓扑结构中，所有网上的 PC 都通过相应的硬件接口直接连在总线上，任何一个结点的信息都可以沿着总线向两个方向传输扩散，并且能被总线中的任何一个结点所接收。由于其信息向四周传播，类似于广播电台，故总线型网络也被称为广播式网络。总线有一定的负载能力，因此总线长度有一定限制，一条总线也只能连接一定数量的结点。目前，广泛使用的总线拓扑结构是以太网（Ethernet），如图 1-6 所示。

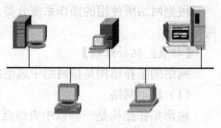

图1-6　总线型网络结构图

总线型拓扑布局的特点：结构简单灵活，非常便于扩充；可靠性高，网络响应速度快；设备量少，价格低，安装使用方便；共享资源能力强，非常便于广播式工作，即一个结点发送，所有结点都可接收。

在总线两端连接的器件称为端结器（末端阻抗匹配器或终止器），主要与总线进行阻抗匹配，最大限度地吸收传送端部的能量，避免信号反射回总线，产生不必要的干扰。

总线型网络结构是目前使用最广泛的结构，也是最传统的一种主流网络结构，适合于信息管理系统、办公自动化系统领域的应用。

（4）树形网络

树形拓扑从总线型拓扑演变而来，形状像一棵倒置的树，顶端是树根，树根以下带分支，每个分支还可再带子分支。它是总线型结构的扩展，它是在总线型网上加上分支形成的，其可有多条分支，但不形成闭合回路。树形网是一种分层网，其结构可以对称，联系固定，具有一定的容错能力，一般一个分支结点的故障不影响另一分支结点的工作，任何一个结点送出的信息都可以传遍整个传输介质，也是广播式网络。一般树形网上的链路相对具有一定的专用性，无须对原网络做任何改动就可以扩充工作站。它是一种层次结构，结点按层次连接，信息交换主要在上下结点之间进行，相邻结点或同层结点之间一般不进行数据交换。把整个电缆连接成树形，树枝分层时，每个分支点都有一台计算机，数据依次往下传输。它的优点是布局灵活，缺点是故障检测较为复杂。

（5）网状网络

网状拓扑又称为无规则结构，结点之间的连接是任意的，没有规律，就是将多个子网或多个局域网连接起来构成网状拓扑结构。在一个子网中，集线器、中继器将多个设备连接起来，而桥接器、路由器及网关则将子网连接起来。根据组网硬件不同，主要有以下 3 种网状拓扑。

1）网状网。在一个大的区域内，用无线电通信链路连接一个大型网络时，网状网是最好的拓扑结构。通过路由器与路由器相连，可让网络选择一条最快的路径传送数据。

2）主干网。主干网通过桥接器与路由器把不同的子网或 LAN 连接起来，形成单个总线型或环形拓扑结构。这种网通常采用光纤做主干线。

3）星状相连网。星状相连网利用一些叫作超级集线器的设备将网络连接起来。由于星形结构的特点，网络中任一处的故障都容易查找并修复。

在实际组网中，为了符合不同的要求，拓扑结构不一定是单一的，往往是几种结构的混用，称为混合型拓扑结构。混合型拓扑结构就是指两种或两种以上的拓扑结构同时使用。

1.4 传输介质及通信方式

1.4.1 传输介质

1. 双绞线

码 1-4 传输介质及通信方式

双绞线（Twisted Pair，TP）是计算机网络中最常用的传输介质，按其抗干扰能力分为屏蔽双绞线和非屏蔽双绞线（Unshield Twisted Pair，UTP），如图 1-7 所示。

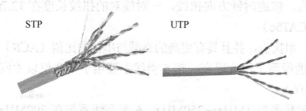

图 1-7 屏蔽和非屏蔽双绞线

屏蔽双绞线在双绞线与外层绝缘封套之间有一个金属屏蔽层。屏蔽双绞线分为 STP（Shielded Twisted Pair）和 FTP（Foil Twisted-Pair），STP 指每条线都有各自的屏蔽层，而 FTP 只在整个电缆有屏蔽装置，并且两端都正确接地时才起作用。所以要求整个系统是屏蔽器件，包括电缆、信息点、水晶头和配线架等，同时建筑物需要有良好的接地系统。屏蔽层可减少辐射，防止信息被窃听，也可阻止外部电磁干扰的进入，使屏蔽双绞线比同类的非屏蔽双绞线具有更高的传输速率。

非屏蔽双绞线是一种数据传输线，由 4 对不同颜色的传输线所组成，广泛用于以太网络和电话线中。非屏蔽双绞线电缆具有以下优点：无屏蔽外套，直径小，节省所占用的空间，成本低；重量轻，易弯曲，易安装；将串扰减至最小或加以消除；具有阻燃性；具有独立性和灵活性，适用于结构化综合布线。因此，在综合布线系统中，非屏蔽双绞线得到了广泛应用。

按照频率和信噪比进行分类，双绞线常见的有 3 类线、5 类线和超 5 类线，以及 6 类线，这三类线中，5 类线的线径最细，6 类线的线径最粗。双绞线主要类型如下。

（1）1 类线（CAT1）

1 类线线缆的最高频率带宽是 750kHz，用于报警系统，或只适用于语音传输（1 类标准主要用于 20 世纪 80 年代初之前的电话线缆），不用于数据传输。

（2）2 类线（CAT2）

2 类线线缆的最高频率带宽是 1MHz，用于语音传输和最高传输速率为 4Mbit/s 的数据传输，常见于使用 4Mbit/s 规范令牌传递协议的旧的令牌网。

（3）3 类线（CAT3）

3 类线是在 ANSI 和 EIA/TIA 568 标准中指定的电缆，该电缆的传输频率为 16MHz，最高传输速率为 10Mbit/s，主要应用于语音、10Mbit/s 以太网（10Base-T）和 4Mbit/s 令牌环，最大网段长度为 100m，采用 RJ 形式的连接器，已淡出市场。

（4）4 类线（CAT4）

4 类线线缆的传输频率为 20MHz，用于语音传输和最高传输速率为 16Mbit/s 的数据传输,主要用于基于令牌的局域网和 10Base-T/100Base-T,最大网段长为 100m,采用 RJ 形式的连接器,未被广泛采用。

(5) 5 类线(CAT5)

5 类线线缆增加了绕线密度,外套一种高质量的绝缘材料,线缆最高频率为 100MHz,最高传输速率为 100Mbit/s,用于语音传输和最高传输速率为 100Mbit/s 的数据传输,主要用于 100Base-T 和 1000Base-T 网络,最大网段长为 100m,采用 RJ 形式的连接器。这是最常用的以太网电缆。在双绞线电缆内,不同线对具有不同的绞距长度。通常,4 对双绞线绞距周期在 38.1mm 长度内,按逆时针方向扭绞,一对线对的扭绞长度在 12.7mm 以内。

(6) 超 5 类线(CAT5e)

超 5 类线衰减小,串扰少,并且具有更高的衰减与串扰的比值(ACR)和信噪比(SNR)、更小的时延误差,性能得到了很大提高。超 5 类线主要用于千兆位以太网(1000Mbit/s)。

(7) 6 类线(CAT6)

6 类线线缆的传输频率为 1MHz~250MHz。6 类布线系统在 200MHz 时综合衰减串扰比(PS-ACR)应该有较大的余量,它提供两倍于超 5 类的带宽。6 类布线的传输性能远远高于超 5 类标准,最适用于传输速率高于 1Gbit/s 的应用。6 类线与超 5 类线的一个重要的不同点在于,改善了串扰以及回波损耗方面的性能。对于新一代全双工的高速网络应用而言,优良的回波损耗性能是极重要的。6 类标准中取消了基本链路模型,布线标准采用星形的拓扑结构,要求永久链路的布线距离不能超过 90m,信道长度不能超过 100m。

(8) 超 6 类或 6A(CAT6A)

此类产品传输带宽介于 6 类和 7 类之间,传输频率为 500MHz,传输速度为 10Gbit/s,标准外径为 6mm。和 7 类产品一样,国家还没有出台正式的检测标准,只是行业中有此类产品,各厂家会宣布一个测试值。

(9) 7 类线(CAT7)

7 类线线缆传输频率为 600MHz,传输速度为 10Gbit/s,单线标准外径为 8mm,多芯线标准外径为 6mm。

不同双绞线的传输速率与用途对比见表 1-1。这些不同类型的双绞线的标注方法是这样规定的,如果是标准类型则按 CAT×方式标注,如常用的 5 类线和 6 类线,则在线的外皮上标注为 CAT 5、CAT 6;如果是改进版,就按×e 方式标注,如超 5 类线就标注为 5e(字母是小写,而不是大写)。

表1-1 不同双绞线的传输速率与用途对比

类型	最高传输速率(Mbit/s)	用途
1类		模拟语音
2类	4	数字语音
3类	10	语音、数字
4类	16	语音、数字
5类	100	语音、数字
超5类	100	语音、数字
6类	1000	语音、数字
7类	10000	语音、数字

无论是哪一种线，衰减都随频率的升高而增大。在设计布线时，要考虑到衰减的信号还应当有足够大的振幅，以便在有噪声干扰的条件下能够在接收端正确地被检测出来。双绞线能够传送多高速率的数据与数字信号的编码方法有很大的关系。

目前，计算机网络常用的是超 5 类和 6 类 UTP，如 100Base-T 快速以太网、1000Base-T 千兆快速以太网。其基本接线方法有以下两种标准。

568A 标准：绿白-1，绿-2，橙白-3，蓝-4，蓝白-5，橙-6，棕白-7，棕-8。

568B 标准：橙白-1，橙-2，绿白-3，蓝-4，蓝白-5，绿-6，棕白-7，棕-8。

一条双绞线，如果其两端的连线方式相同，都为 568A 或 568B，则这样的双绞线称为直连线。直连线主要用于连接不同种类的设备，如交换机与计算机之间的连接。将两端接线方法不同，一端为 568A 或 568B，另一端为 568B 或 568A 的双绞线称为交叉线。交叉线主要用于连接种类相同的设备，如计算机之间的互相连接。

2．同轴电缆

同轴电缆广泛应用于有线电视网（CATV）和总线型以太网，常用的有 75Ω 和 50Ω 的同轴电缆。75Ω 电缆常用于 CATV，50Ω 电缆常用于总线型以太网。同轴电缆分为细同轴电缆和粗同轴电缆，如图 1-8 所示。

3．光纤

目前，光纤广泛应用于计算机主干网，可分为单模光纤和多模光纤。单模光纤芯径小（10μm 左右），具有更大的通信容量和传输距离；多模光纤芯径大（62.5μm 或 50μm），价格便宜，适合近距离传输。常见的多模光纤为 62.5μm 芯/125μm 外壳和 50μm 芯/125μm 外壳，如图 1-9 所示。

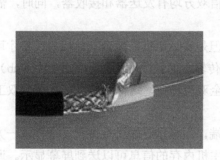
图 1-8　同轴电缆

图 1-9　光纤

1.4.2　通信方式

对于点对点之间的通信，按照消息传送的方向与时间关系，通信方式可分为单工通信、半双工通信和全双工通信 3 种。

1．单工通信

单工通信（Simplex Communication）是指消息只能单方向传输的工作方式。

在单工通信中，通信的信道是单向的，发送端与接收端也是固定的，即发送端只能发送信息，不能接收信息；接收端只能接收信息，不能发送信息。基于这种情况，数据信号从一端传送到另外一端，信号流是单方向的。

例如，生活中的广播就是一种单工通信的工作方式。广播站是发送端，听众是接收端。广播站向听众发送信息，听众接收获取信息。广播站不能作为接收端获取到听众的信息，听众也无法作为发送端向广播站发送信号。

通信双方采用的"按—讲"（Push To Talk，PTT）的单工通信属于点到点的通信。根据收发频率的异同，单工通信可分为同频通信和异频通信。

2．半双工通信

半双工通信（Half Duplex Communication）可以实现双向的通信，但不能在两个方向上同时进行，必须轮流交替地进行。

在这种工作方式下，发送端可以转变为接收端；相应的，接收端也可以转变为发送端。但是在同一个时刻，信息只能在一个方向上传输。因此，也可以将半双工通信理解为一种切换方向的单工通信。

例如，对讲机是日常生活中最为常见的一种半双工通信方式。手持对讲机的双方可以互相通信，但在同一个时刻，只能由一方在讲话。

3．全双工通信

全双工通信（Full Duplex Communication）是指在通信的任意时刻，线路上存在 A 到 B 和 B 到 A 的双向信号传输。全双工通信允许数据同时在两个方向上传输，又称为双向同时通信，即通信的双方可以同时发送和接收数据。在全双工方式下，通信系统的每一端都设置了发送器和接收器，因此能控制数据同时在两个方向上传送。全双工方式无须进行方向的切换，因此没有切换操作所产生的时间延迟，这对那些不能有时间延误的交互式应用（如远程监测和控制系统）十分有利。这种方式要求通信双方均有发送器和接收器，同时，需要两根数据线传送数据信号。

理论上，全双工传输可以提高网络效率，但是实际上仍需配合其他相关设备才可用。例如，必须选用双绞线的网络缆线才可以全双工传输，而且中间所接的集线器（Hub）也要能全双工传输，所采用的网络操作系统也得支持全双工作业，这样才能真正发挥全双工传输的作用。

例如，计算机主机用串行接口连接显示终端，而显示终端带有键盘。这样，一方面，通过键盘输入的字符送到主机内存；另一方面，主机内存的信息可以送到屏幕显示。通常，通过键盘上输入一个字符以后，先不显示，计算机主机收到字符后，立即回送到终端，然后终端把这个字符显示出来。这样，前一个字符的回送过程和后一个字符的输入过程是同时进行的，即工作于全双工方式。

1.5 本章小结

本章主要介绍了计算机网络基础知识，对计算机网络的定义、功能、应用和组成进行了概述，并对计算机网络的 OSI 和 TCP/IP 进行了阐述，并分别讲解了不同规模计算机网络的特点，以及计算机网络的不同传输介质的特点和通信方式，使读者对计算机网络有初步的认识。

码 1-5　本章小结

1.6 本章练习

一、填空题

1. 计算机网络是_____和_____相结合的产物。
2. 网络操作系统主要有_____和_____。
3. OSI 参考模型采用了层次结构，将整个网络的通信功能划分成 7 个层次，分别是_____、数据链路层、网络层、_____、会话层、_____和应用层。
4. 按计算机网络覆盖范围的大小，可以将计算机网络分为_____、_____、_____。
5. 对于点对点之间的通信，按照消息传送的方向与时间关系，通信方式可分为_____、_____和_____3 种。

二、选择题

1. 在 OSI 七层结构模型中，处于数据链路层与传输层之间的是（　　）。
   A. 物理层　　B. 网络层　　C. 会话层　　D. 表示层
2. 在同一个信道上的同一时刻，能够进行双向数据传送的通信方式是（　　）。
   A. 单工　　B. 半双工　　C. 全双工　　D. 上述 3 种均不是
3. （　　）是计算机网络中最常用的传输介质。
   A. 双绞线　　B. 同轴电缆　　C. 光纤　　D. 以上都不对
4. 以下选项中，不属于 OSI 参考模型分层的是（　　）。
   A. 物理层　　B. 网络接口层　　C. 数据链路层　　D. 网络层
5. 有几栋建筑物，周围还有其他电力电缆，若需将这几栋建筑物连接起来构成骨干型园区网，则采用（　　）比较合适。
   A. 光缆　　B. 同轴电缆　　C. 非屏蔽双绞线　　D. 屏蔽双绞线

三、简答题

1. 简述计算机网络的概念。
2. 简述 TCP/IP 参考模型的功能。

第 2 章　华为网络硬件设备及软件 eNSP 简介

本章要点

- 了解华为交换机和路由器的外形特点。
- 掌握 eNSP（网络仿真平台）和 VRP（通用路由平台）的安装和使用方法。
- 掌握远程登录华为交换机和路由器的方法。

组成计算机网络的设备中有以下两种功能强大的网络设备：交换机和路由器。本章将通过华为的交换机和路由器为读者介绍其功能和连接方法，并介绍网络仿真平台 eNSP 和通用路由平台 VRP。

2.1　网络设备概述

2.1.1　网络设备简介

码 2-1　网络设备概述

1．交换机

不同的设备厂商有不同的设备系列，不同型号交换机的产品，外形结构也不同，具体可以参考不同产品的说明书。常用的交换机有两种类型：二层交换机和三层交换机。

二层交换机工作于 OSI 模型的第 2 层，属于数据链路层设备，故称为二层交换机。二层交换机可以识别数据包中的 MAC（媒体访问控制）地址信息，根据 MAC 地址进行转发，并将这些 MAC 地址与对应的端口记录在自己内部的一个地址表中。在华为的产品线中，二层交换机主要有 S1700 系列和 S2700 系列。

三层交换机是具有部分路由器功能的交换机。三层交换机最主要的作用是加快局域网内部的数据交换速度，能够做到一次路由、多次转发。数据包转发等规律性的过程由硬件高速实现，而像路由信息更新、路由表维护、路由计算、路由确定等功能，由软件实现，即三层交换技术就是二层交换技术+三层转发技术。在华为的产品线中，三层交换机主要有 S3700 系列和 S5700 系列。华为 S3700 交换机如图 2-1 所示。

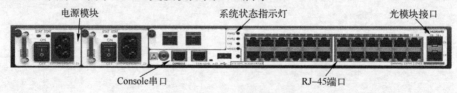

图 2-1　华为 S3700 交换机

2．路由器

路由器（Router）又称网关设备，用于连接多个逻辑上分开的网络。逻辑网络代表一个单独的网络或者一个子网。当数据从一个子网传输到另一个子网时，可通过路由器的路由功能来完成。路由器具有判断网络地址和选择 IP 路径的功能，它能在多网络互联环境中建立灵活的连接，可用完全不同的数据分组和介质访问方法连接各种子网。路由器只接收源站或其他路由器的信息，工作在 OSI 参考模型的第 3 层（即网络层），所以路由器是属于网络层的一种互联设备。华为 AR1220 路由器如图 2-2 所示。

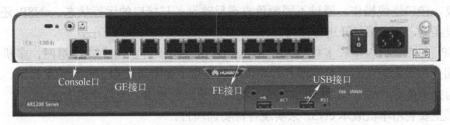

图 2-2　华为 AR1220 路由器

AR1220 支持模块化接口卡，在模拟器中有多种接口卡可以随意搭配。安装或者拆下接口，需要在不加电的情况下完成（加电的情况下禁止操作）。

2.1.2　网络设备的远程管理

网络设备登录方式有两种：超级终端方式和远程登录方式。

1. 超级终端方式

超级终端方式利用计算机的 COM 端口与交换机的 Console 接口连接来登录。该登录方式不需要设置 IP 地址等参数，只需要将反转线连接到计算机与网络设备之间，通过超级终端软件登录即可。

拿到新的网络设备，检查外观没有问题之后，进行第一次加电操作。加电后，初始登录交换机需要通过超级终端方式，并对网络设备进行初始配置。该登录方式的特点是不需要接入网络，但是管理员必须对网络设备进行近距离操作，操作过程相对安全。

2. 远程登录方式

远程登录方式通过网络来远程登录网络设备，登录之前必须对网络设备设置 IP 地址和登录密码等参数。该登录方式的特点是管理员可以通过网络对网络设备进行远距离管理，但是依赖于网络结构的可靠性和安全性。

Telnet 协议（Telecommunication Network Protocol）起源于 ARPANET，是最早的 Internet 应用之一。

Telnet 通常用在远程登录设备中，以便对本地或者在远端运行的设备进行配置、监控和维护。如果网络中有多台设备需要配置和管理，用户无须为每一台设备都连接一个用户终端进行本地配置，可以通过 Telnet 方式在一台设备上对多台设备进行管理或配置。如果网络中需要管理或配置的设备不在本地，则可以通过 Telnet 方式实现对网络中设备的远程维护，极大地提高了用户操作的灵活性。

2.2　eNSP 简介及 VRP 基本操作

2.2.1　eNSP 简介

码 2-2　eNSP 简介操作

eNSP 作为一款网络仿真工具平台，可模拟华为企业级路由器和交换机的大部分特性，可模拟 PC 终端、集线器、网络云、帧中继交换机等。通过仿真设备配置功能，用户可以快速学习华为命令行，可通过真实网卡实现与真实网络设备的对接，并且还可以模拟对接口的抓包，直观感受各种协议的报文交互过程。

eNSP 使用图形化操作界面，支持拓扑创建、修改、删除、保存等操作；eNSP 支持设备图标拖曳、接口连线操作，通过不同颜色直观反映设备与接口的运行状态。eNSP 还预置了大量工程案例，可直接打开进行学习。

eNSP 支持单机版本和多机版本，单机部署指只在一台主机上完成组网，多机部署指 Server 端分布式部署在多台服务器上。多机组网场景下最大可模拟 200 台设备组网。

华为完全免费对外开放 eNSP，直接下载和安装即可使用，无须申请 license。

本书主要利用单机版本 eNSP 来实现各种实训项目。

1．安装 eNSP

在学习网络知识和复现网络问题或项目交付前的预模拟等阶段，都需要模拟组网验证。但现实中往往缺少真实设备，而通过 eNSP 可以很方便地组建虚拟网络，模拟现实网络环境进行实训。

码 2-3　eNSP 安装

在华为的官方网站上可以下载最新版本的 eNSP 安装包，由于 eNSP 上的每台虚拟设备都要占用一定的内存资源，因此 eNSP 对系统的最低配置要求：CPU 双核 2.0GHz 或以上；内存 2GB，空闲磁盘空间 2GB；操作系统为 Windows XP、Windows Server 2003 或 Windows 7；在最低配置的系统环境下，组网设备最大数量为 10 台。

安装 eNSP 前先检查系统配置，确认满足最低配置要求后再进行安装，步骤如下。

1）双击安装程序文件，打开安装向导。

2）在"选择安装语言"对话框中选择"中文（简体）"，单击"确定"按钮，如图 2-3 所示。

3）进入欢迎界面，单击"下一步"按钮，如图 2-4 所示。

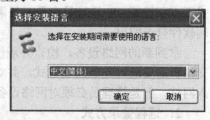

图 2-3　选择安装语言

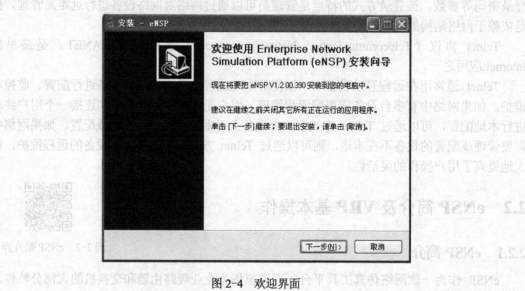

图 2-4　欢迎界面

4）设置安装的位置（整个目录路径都不能包含非英文字符），单击"下一步"按钮，如图 2-5 所示。

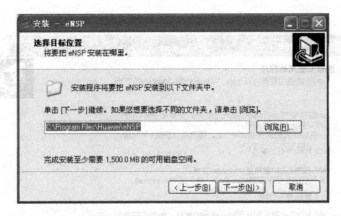

图 2-5　选择安装位置

5）设置 eNSP 程序快捷方式在"开始"菜单中显示的名称，单击"下一步"按钮，如图 2-6 所示。

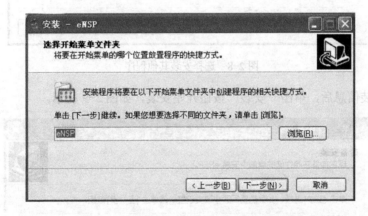

图 2-6　设置 eNSP 在"开始"菜单中的名称

6）选中"创建桌面快捷图标"复选框，单击"下一步"按钮，如图 2-7 所示。

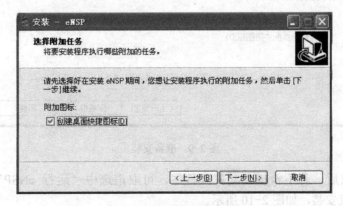

图 2-7　选择创建快捷方式

7）选择需安装的软件，首次安装可选择全部软件，单击"下一步"按钮，如图 2-8 所示。

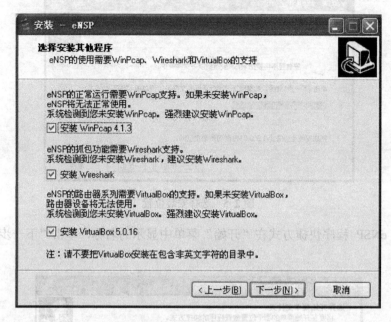

图 2-8　选择安装其他程序

8）确认安装信息后，单击"安装"按钮开始安装，如图 2-9 所示。

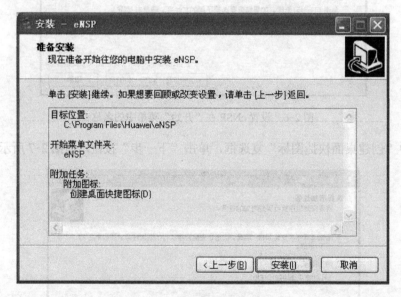

图 2-9　准备安装

9）安装完成后，若不希望立刻打开程序，可取消选中"运行 eNSP"复选框。单击"完成"按钮结束安装，如图 2-10 所示。

图 2-10 完成安装

2. 熟悉 eNSP 界面

启动 eNSP 模拟器，主界面如图 2-11 所示。eNSP 主界面分为以下五大块。

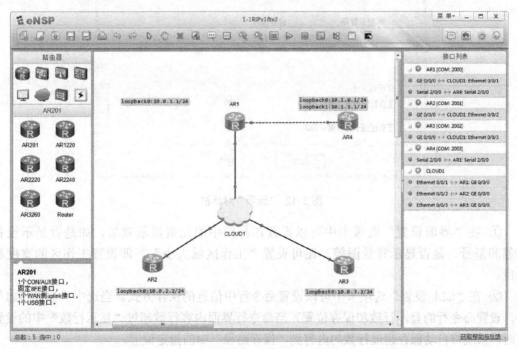

图 2-11 eNSP 模拟器主界面

27

(1) 菜单栏

菜单栏包括"文件""编辑""视图""工具"和"帮助"。

1)"文件"菜单用于拓扑图文件的打开、新建、保存、打印等操作。

2)"编辑"菜单用于撤销、恢复、复制、粘贴等操作。

3)"视图"菜单用于对拓扑图进行缩放和控制左右侧工具栏区的显示。

4)"工具"菜单用于打开调色板工具来添加图形、启动或停止设备、进行数据抓包和各选项的设置。

在工具"菜单"下拉列表中选择"选项"命令，在弹出的"选项"对话框中设置参数，如图 2-12 所示。该对话框中 5 种选项卡的作用如下。

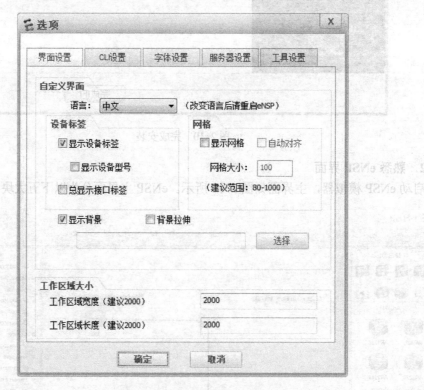

图 2-12 "选项"对话框

① 在"界面设置"选项卡中可以设置拓扑图中的元素显示效果，如是否显示设备标签和型号、是否显示背景图等。还可设置"工作区域大小"，即设置工作区的宽度和长度。

② 在"CLI 设置"选项卡中可以设置命令行中信息的保存方式。当选中"记录日志"时，设置命令行的显示行数和保存位置。当命令行界面内容行数超过"显示行数"中的设置值时，系统将自动保存超过行数的内容到"保存路径"中的指定位置。

③ 在"字体设置"选项卡中可以设置命令行界面和拓扑描述框的字体、字体颜色、背景色等参数。

④ 在"服务器设置"选项卡中可以设置服务器端参数,详细信息请参考帮助文档。
⑤ 在"工具设置"选项卡中可以指定"引用工具"的具体路径。
5)"帮助"菜单用于查看帮助文档、检测是否有可用更新、查看软件版本和版权信息。
(2)工具栏

工具栏是指界面中菜单栏下具有小图标的那一行,提供了常用的工具,具体的工具功能见表 2-1。

表 2-1 工具栏常用图标及说明

工具	简要说明	工具	简要说明
	新建拓扑		放大
	新建试卷工程		缩小
	打开拓扑		重置、恢复原大小
	保存拓扑		开启设备
	另存为		停止设备
	打印拓扑		数据抓包
	撤销上次操作		显示/隐藏所有接口名称
	重复上次操作		显示/隐藏网格
	恢复鼠标		打开所有设备命令行配置界面
	选定工作区、移动		华为论坛链接
	删除对象		华为官网链接
	删除所有连线		选项设置
	添加文本		帮助文档
	调色板,可编辑添加各种图形		

在工具栏区域最右边有 4 个按钮,第 1 个按钮 是华为论坛的链接按钮,单击后可进入华为官方论坛,进行各种提问和参与讨论;第 2 个按钮 是华为官网的链接按钮;第 3 个按钮 是"设置"按钮,可进行界面的设置、字体的设置等,与"工具"菜单中的"选项"一致;第 4 个按钮 是"帮助文档"按钮,其中详细介绍了当前版本的 eNSP 支持的所有设备特性、各种功能,以及如何配置服务器和用户端等。

(3)网络设备区

网络设备区在 eNSP 模拟器左侧,主要提供设备和网线。每种设备都有不同的型号,如单击路由器图标,设备型号区将提供 AR201、AR1220 等各种路由器供选择到工作区,并对设备做简单的接口介绍,如图 2-13 所示。

(4)工作区

在工作区可以根据项目的实际要求,灵活地创建实训所需的网络拓扑结构,如图 2-14 所示。

图 2-13 路由器

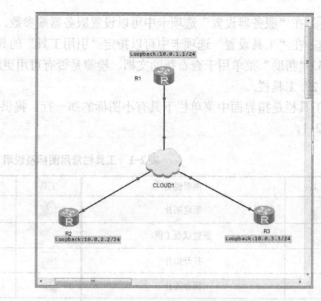

图 2-14 工作区

（5）设备的接口列表

模拟器的最右侧显示的是拓扑中的设备和设备已连接的接口，可以通过观察指示灯了解接口运行状态，如图 2-15 所示。灰色表示设备已启动或接口处于 UP 状态；黑色表示接口正在采集报文。在处于 UP 状态的接口名上单击鼠标右键，可启动/停止接口报文采集。

3．网络设备配置

在 eNSP 中，可以利用图形化界面灵活地搭建需要的拓扑组网图。

（1）选择设备

主界面左侧为可供选择的网络设备区，可以将需要的设备直接拖至工作区。每台设备带有默认名称，通过单击可以对其进行修改。还可以使用工具栏中的文本按钮和调色板按钮在拓扑中的任意位置添加描述或图形标识，如图 2-16 所示。

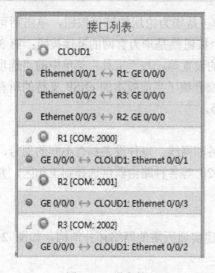

图 2-15 设备接口区

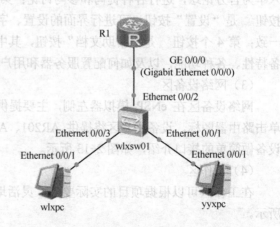

图 2-16 网络图

（2）配置设备

在拓扑中的设备图标上单击鼠标右键，在弹出的快捷菜单中选择"设置"命令，打开设备接口配置界面。

在"视图"选项卡中，可以查看设备面板及可供使用的接口卡，如图 2-17 所示。如果需为设备增加接口卡，则可在"eNSP 支持的接口卡"选项区选择合适的接口卡，直接拖至上方的设备面板上相应槽位即可；如果需删除某个接口卡，则直接将设备面板上的接口卡拖回"eNSP 支持的接口卡"选项区即可。注意，只有在设备电源关闭的情况下，才能进行增加或删除接口卡的操作。

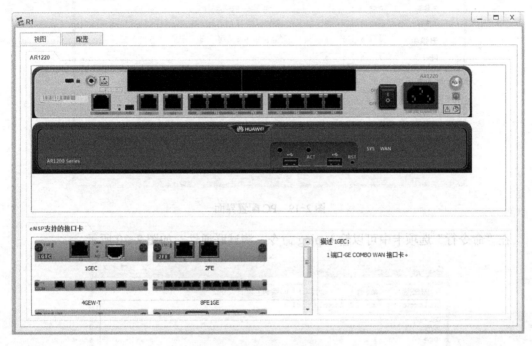

图 2-17　设备配置界面

在"配置"选项卡中，可以设置设备的串口号，串口号范围为 2000～65535，默认情况下从起始数字 2000 开始使用。可以自行更改串口号并单击"应用"按钮生效，如图 2-18 所示。

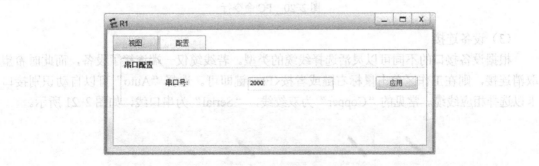

图 2-18　配置设置

在模拟 PC 上单击鼠标右键，在弹出的快捷菜单中选择"设置"命令，打开设置对话框。在"基础配置"选项卡中配置设备的基础参数，如 IP 地址、子网掩码和 MAC 地址等，如图 2-19 所示。

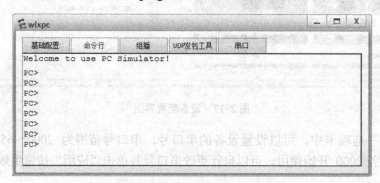

图 2-19　PC 配置界面

在"命令行"选项卡中可以输入 ping 命令，测试联通性，如图 2-20 所示。

图 2-20　PC 命令行

（3）设备连接

根据设备接口的不同可以灵活选择线缆的类型。若线缆仅一端连接了设备，而此时希望取消连接，则在工作区单击鼠标右键或者按<Esc>键即可。选择"Auto"可以自动识别接口卡以选择相应线缆。常见的"Copper"为双绞线，"Serial"为串口线，如图 2-21 所示。

图 2-21　设备连接线缆

（4）配置导入

在设备未启动的状态下，在设备上单击鼠标右键，在弹出的快捷菜单中选择"导入设备配置"命令，可以选择设备配置文件（.cfg 文件或者.zip 文件）并导入到设备中。

（5）设备启动

选中需要启动的设备后，可以通过单击工具栏中的"开启设备"按钮或者选择该设备的右键快捷菜单中的"启动"命令来启动设备，如图 2-22 所示。启动后，双击设备图标，通过弹出的 CLI 命令行界面进行配置。

（6）图保存拓扑并导出设备的配置文件

完成配置后，可以单击工具栏中的"保存"按钮来保存拓扑图，并导出设备的配置文件。在设备上单击鼠标右键，在弹出的快捷菜单中选择"导出设备配置"命令（见图 2-23），输入设备配置文件的文件名，并将设备配置信息导出为.cfg 文件。

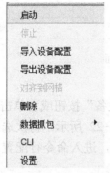

图 2-22　启动设备　　　　图 2-23　导出设备配置

4. 配置通过 Telnet 登录系统

为了方便网络管理员对设备进行远程管理和维护，首先需要在设备上配置 Telnet 功能，同时，为了提高网络安全性，可在使用 Telnet 时进行密码认证，只有通过认证的用户才有权限登录设备。

码 2-4　Telnet 远程登录

搭建图 2-24 所示的拓扑结构，设置 PC 的 IP 地址为 192.168.1.20，子网掩码为 24 位，网关为 192.168.1.1。配置交换机的管理地址为 192.168.1.10，交换机名称为 wlxsw1，登录密码为 tjdzwlx，并设置密码以明文方式存储。

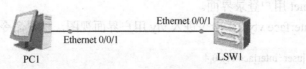

图 2-24　交换机配置 Telnet 远程登录拓扑

（1）配置 PC1

在 PC1 上单击鼠标右键，在弹出的快捷菜单中选择"启动"选项，启动 PC1。在 PC1 上单击鼠标右键，在弹出的快捷菜单中选择"设置"选项，打开设置对话框。在"基础配置"选项卡中按照要求配置静态 IPv4 地址、子网掩码及网关，配置完成后单击"应用"按钮，如图 2-25 所示。

图 2-25 PC1 配置界面

（2）配置交换机 LSW1

选中交换机 LSW1，通过单击工具栏中的"开启设备"按钮或者单击鼠标右键，在弹出的快捷菜单中选择"启动"命令来启动该设备，如图 2-22 所示。再次选中交换机 LSW1，单击鼠标右键，在弹出的快捷菜单中选择"CLI"命令，进入命令行配置界面，具体配置步骤如下。

1）配置交换机名称为 wlxsw1。使用 system-view 命令进入系统视图，配置命令如下。

```
<Huawei>system-view
Enter system view,  return user view with Ctrl+Z.
[Huawei]sysname wlxsw1
[wlxsw1]
```

2）开启 Telnet 服务。使用 telnet server enable 命令配置开启 Telnet 服务，配置命令如下。

```
[wlxsw1]telnet server enable
Info: The Telnet server has been enabled.
```

3）配置 Telnet 用户登录界面。

使用 user-interface vty 0 4 命令进入 vty 用户界面视图，配置命令如下。

```
[wlxsw1]user-interface vty 0 4
```

配置验证方式为 password，配置命令如下。

```
[wlxsw1-ui-vty0-4]authentication-mode password
```

配置明文密码为 tjdzwlx，配置命令如下。

```
[wlxsw1-ui-vty0-4]set authentication password simple tjdzwlx
```

配置用户级别为3级，配置命令如下。

[wlxsw1-ui-vty0-4]user privilege level 3

4）配置远程管理 IP。

使用 interface vlanif 1 命令进入 vlan 1，vlan 1 为默认 vlan，配置命令如下。

[wlxsw1-ui-vty0-4]quit
[wlxsw1]interface vlanif 1
[wlxsw1-vlanif1]

配置 IP 地址和子网掩码并退出，配置命令如下。

[wlxsw1-vlanif1]ip address 192.168.1.10 24
[wlxsw1-vlanif1]
Nov 8 2016 22：03：59-08：00wlxsw1 %%01IFNET/4/LINK_STATE（1）[52]：The line protocol IP on the interface Vlanif1 has entered the UP state.
[wlxsw1-Vlanif1]quit
[wlxsw1]

使用 quit 命令退出到用户视图，使用 save 命令保存配置，配置命令如下。

[wlxsw1]quit
<wlxsw1>save
The current configuration will be written to the device.
Are you sure to continue?[Y/N]
Error： Please choose 'YES' or 'NO' first before pressing 'Enter'. [Y/N]：y
Now saving the current configuration to the slot 0.
Nov 8 2016 22：07：26-08：00 wlxsw1 %%01CFM/4/SAVE（1）[54]：The user chose Y when deciding whether to save the configuration to the device.
Save the configuration successfully.
<wlxsw1>

若弹出"Save the configuration successfully"，则表明配置已经保存。完成上述配置后，就可通过 PC 远程 Telnet 管理网络设备了。

【说明】

1）交换机对远程 Telnet 管理地址的配置是在 vlan 中配置的，路由器配置远程 Telnet 管理是在接口上配置的，除此以外，配置方法都一样。

例如，在路由器 GE0/0/0 接口上，配置路由器的远程 Telnet 管理地址为 192.168.1.1，子网掩码为 24 位，配置命令如下。

<Huawei>system
Enter system view,   return user view with Ctrl+Z.
[Huawei]interface GigabitEthernet 0/0/0
[Huawei-GigabitEthernet0/0/0]ip address 192.168.1.1 24
Nov 8 2016 22：16：40-08：00 Huawei %%01IFNET/4/LINK_STATE（1）[1]：The line protocol IP on the interface GigabitEthernet0/0/0 has entered the UP state.

2）验证方式中，除了 password 验证外，还有 aaa 验证和 none 验证。aaa 验证方式，需要通过 Telnet 交换机 IP 地址，还需要输入用户名和密码才能登录。password 验证方式，只需要输入密码就可以登录。none 验证方式无需密码，直接进入。

3）用户登录级别说明。用户登录级别共有 16 个（0～15 级），不同的登录级别登入设备后，操作的权限不同。

① 0 为参观级，主要包括网络诊断工具命令（ping 和 tracert）、从本设备出发访问外部设备的命令（Telnet 客户端）、部分 display 命令等。

② 1 为监控级，主要用于系统维护，包括 display 等命令。但是并不是所有 display 命令都属于监控级，例如，display current-configuration 命令和 display saved-configuration 命令属于 3 级管理级。

③ 2 为配置级，主要用于业务配置命令，主要包括路由、各个网络层次的命令，向用户提供直接网络服务。

④ 3～15 为管理级，主要用于系统基本运行的命令，对业务提供支撑作用，包括文件系统、FTP、TFTP 下载、命令级别设置命令，以及用于业务故障诊断的 debugging 命令等。

2.2.2 VRP 基本操作

VRP（Versatile Routing Platform，通用路由平台）是针对华为公司数据通信产品的通用网络操作系统平台，拥有一致的网络界面、用户界面和管理界面。在 VRP 操作系统中，用户通过命令行对设备下发各种命令来实现对设备的配置与日常维护操作。

码 2-5　VRP 基本操作

用户登录到 VRP 系统的设备出现命令行提示符后，即进入命令行接口（Command Line Interface，CLI）。命令行接口是用户与 VRP 系统的设备进行交互的常用工具。

当用户输入命令时，如果不记得此命令的关键字或参数，则可以使用命令行的帮助获取全部或部分关键字和参数的提示。用户也可以通过使用系统快捷键完成对应命令的输入，简化操作。在首次登录 VRP 时，用户可根据需要完成设备的基本配置，如设备名称的修改、时钟的配置及标题文本的设置等。

1．命令视图切换

启动 VRP 后，双击 VRP 或者右击 VRP，在弹出的快捷菜单中选择"CTL"命令即可打开命令行，默认进入的是用户视图，如图 2-26 所示。

图 2-26　用户视图

在用户视图下只能使用参观和监控级命令。利用 display version 命令可显示系统软件版本及硬件信息，该配置信息如下。

```
<Huawei>display version
Huawei Versatile Routing Platform Software
VRP （R）software， Version 5.130 （AR1200 V200R003C00）
Copyright （C）2011-2012 HUAWEI TECH CO.， LTD
Huawei AR1220 Router uptime is 0 week， 0 day， 0 hour， 4 minutes
BKP 0 version information：
1. PCB      Version：AR01BAK1A VER.NC
2. If Supporting PoE：No
3. Board     Type：AR1220
4. MPU Slot Quantity：1
5. LPU Slot Quantity：2
MPU 0 （Master）：uptime is 0 week， 0 day， 0 hour， 4 minutes
MPU version information ：
1. PCB      Version：AR01SRU1A VER.A
2. MAB      Version：0
3. Board     Type：AR1220
4. BootROM   Version：0
```

从上面的内容中可以看到 VRP 操作系统的版本、设备的具体型号和启动时间等信息。

在用户视图下，使用 system-view 命令可以切换到系统视图。在系统视图下可以配置各种接口、协议等，使用 quit 命令又可以切换回用户视图，该配置信息如下。

```
<Huawei>system-view
Enter system view， return user view with Ctrl+Z.
[Huawei]quit
<Huawei>
```

在系统视图下使用相应命令可进入其他视图，如使用 interface 命令进入接口视图。在接口视图下可以使用 ip address 命令配置该接口的 IP 地址、子网掩码等。配置子网掩码时可以使用子网掩码长度值，也可使用完整的子网掩码。例如，子网掩码 255.255.255.0 也可用子网掩码长度值 24 表示。

进入设备的 GE0/0/0 接口，并为该接口配置 IP 地址为 192.168.1.1，子网掩码为 24 位。该配置信息如下。

```
<Huawei>system-view
Enter system view， return user view with Ctrl+Z.
[Huawei]interface GigabitEthernet 0/0/0
[Huawei-GigabitEthernet0/0/0]ip address 192.168.1.1 24
```

完成配置以后，通过 return 命令退回到用户视图，该配置信息如下。

```
[Huawei-GigabitEthernet0/0/0]return
<Huawei>
```

注：按〈Ctrl+Z〉组合键也可以退回到用户视图下。

2. 命令行帮助操作

如果操作用户忘记命令的参数或关键字，则可使用命令行帮助。命令行帮助分为完全帮助和部分帮助。

（1）完全帮助

在任意命令视图下，输入"?"获取该命令视图下所有的命令及其简单描述。具体操作如下。

```
<Huawei>?
User view commands:
  arp-ping              ARP-ping
  autosave              <Group> autosave command group
  backup                Backup information
  cd                    Change current directory
  clear                 <Group> clear command group
  clock                 Specify the system clock
  ---- More ----
```

出现 More 时表示命令框之外还有内容没有显示，可以通过按〈Enter〉键和空格键来进行翻页操作。按〈Enter〉键每次只翻一行。按空格键每次翻一页。

（2）部分帮助

输入某一命令的前几位，其后紧接"?"，列出以这几位开头的所有相关命令。如在系统视图下输入"ar"，然后输入"?"，则显示的所有相关命令如下。

```
[Huawei]ar?
  arp           <Group> arp command group
  arp-miss      <Group> arp-miss command group
  arp-ping      ARP-ping
  arp-suppress  Specify arp suppress configuration information, default is
                disabled
```

3. 常用命令

（1）修改设备名称

当网络上有多个设备需要管理时，用户可以为每个设备设置特定的名称，以便于管理。

在系统视图下，使用 sysname 命令可修改当前设备名称，如更改当前设备的系统名称为 Route，该配置信息如下。

```
[Huawei]sysname Route
[Route]
```

（2）查看设备基本信息

1）使用 display version 命令查看设备信息，具体操作如下。

```
<Route>display version
Huawei Versatile Routing Platform Software
```

VRP（R）software，Version 5.130（AR1200 V200R003C00）
Copyright（C）2011-2012 HUAWEI TECH CO.，LTD
Huawei AR1220 Router uptime is 0 week，0 day，1 hour，11 minutes
BKP 0 version information：
1. PCB　　　Version　：AR01BAK1A VER.NC
2. If Supporting PoE：No
3. Board　　Type：AR1220
4. MPU Slot Quantity：1
5. LPU Slot Quantity：2
MPU 0（Master）：uptime is 0 week，0 day，1 hour，11 minutes
MPU version information ：
1. PCB　　　　Version：AR01SRU1A VER.A
2. MAB　　　Version：0
3. Board　　Type：AR1220
4. BootROM　Version：0

使用 display version 命令查看设备信息，可以观察到 VRP 操作系统的版本、设备的型号、启动时间等信息。

2）使用 display current-configuration 命令查看设备的当前配置，具体操作如下。

<Route>display current-configuration
[V200R003C00]
sysname Route
snmp-agent local-engineid 800007DB03000000000000
 snmp-agent
clock timezone China-Standard-Time minus 08：00：00
portal local-server load portalpage.zip
　　---- More ----

使用 display current-configuration 命令查看设备的当前配置，可以看到设备上的所有已配置信息。

3）使用 display interface GigabitEthernet 0/0/0 命令查看设备 GE0/0/0 端口的状态信息，具体操作如下。

<Route>display interface GigabitEthernet 0/0/0
GigabitEthernet0/0/0 current state ： DOWN
Line protocol current state ： DOWN
Description：HUAWEI，AR Series，GigabitEthernet0/0/0 Interface
Route Port，The Maximum Transmit Unit is 1500
Internet Address is 192.168.1.1/24
IP Sending Frames' Format is PKTFMT_ETHNT_2，Hardware address is 00e0-fc08-7625
Last physical up time ： -
Last physical down time ： 2016-11-08 11：20：53 UTC-08：00
Current system time： 2016-11-08 12：40：22-08：00
Port Mode： COMMON COPPER
Speed ： 1000， Loopback： NONE

```
Duplex: FULL,    Negotiation: ENABLE
Mdi    :   AUTO
Last 300 seconds input rate 0 bits/sec,  0 packets/sec
Last 300 seconds output rate 0 bits/sec,  0 packets/sec
Input peak rate 0 bits/sec, Record time:  -
Output peak rate 0 bits/sec, Record time:  -
Input:    0 packets,    0 bytes
  Unicast:              0,    Multicast:           0
  Broadcast:            0,    Jumbo:               0
  Discard:              0,    Total Error:         0
  CRC:                  0,    Giants:              0
  ---- More ----
```

使用 display interface GigabitEthernet 0/0/0 命令查看设备 GE0/0/0 端口的状态信息，可以观察到该端口的物理状态、接口 IP 地址及其他的统计信息。

（3）配置接口 IP 地址

从系统视图进入接口试图，在该视图下配置端口相关的物理属性、链路层特性及 IP 地址等重要参数。使用 interface 命令进入设备将要配置的端口，该配置信息如下。

```
[Route]interface GigabitEthernet 0/0/0
[Route-GigabitEthernet0/0/0]
```

在路由器的接口视图下配置设备接口 IP 地址和子网掩码（注：华为设备上的物理接口默认都处于开启的状态，即 UP 状态），该配置信息如下。

```
[Route-GigabitEthernet0/0/0]ip address 172.16.10.1 24
```

配置完成后，使用 display ip interface brief 命令查看端口与 IP 的相关信息，该配置信息如下。

```
[Route-GigabitEthernet0/0/0]display ip interface brief
*down:  administratively down
^down:  standby
(l):  loopback
(s):  spoofing
The number of interface that is UP in Physical is 1
The number of interface that is DOWN in Physical is 2
The number of interface that is UP in Protocol is 1
The number of interface that is DOWN in Protocol is 2
Interface                IP Address/Mask      Physical      Protocol
GigabitEthernet0/0/0     172.16.10.1/24       down          down
GigabitEthernet0/0/1     unassigned           down          down
NULL0                    unassigned           up            up (s)
```

（4）查看路由信息

在三层交换机和路由器中，根据任务需要配置相关路由信息，可以在用户视图下使用

display ip routing-table 命令来查看 IPv4 路由信息，该配置信息如下。

```
<Route>display ip routing-table
Route Flags:   R-relay,   D-download to fib
----------------------------------------------------------------
Routing Tables:  Public
         Destinations : 4       Routes : 4
Destination/Mask      Proto    Pre   Cost   Flags   NextHop      Interface
127.0.0.0/8           Direct   0     0      D       127.0.0.1    InLoopBack0
127.0.0.1/32          Direct   0     0      D       127.0.0.1    InLoopBack0
127.255.255.255/32    Direct   0     0      D       127.0.0.1    InLoopBack0
255.255.255.255/32    Direct   0     0      D       127.0.0.1    InLoopBack0
```

"Route Flags"为路由标记，"R"表示该路由是迭代路由，"D"表示该路由下发到 FIB 表。"Routing Tables：Public"表示该路由表是公网路由表，如果是私有网络路由表，则显示私有网络的名称，如"Routing Tables：ABC"。"Destinations"表示目的网络/主机的总数；"Routes"表示路由的总数。"Destination/Mask"表示目的网络/主机的地址和掩码长度；"Proto"表示接收此路由的路由协议，"Direct"表示直连路由；"Pre"表示此路由的优先级；"Cost"表示此路由的路由开销值；"Flags"表示路由条路的标签；"NexHop"表示此路由的下一跳的地址；"Interface"表示此路由的下一跳的接口。

2.3 本章小结

本章通过对华为交换机和路由器从外形特点到使用方法的介绍，使得读者对最核心的网络硬件有了初步认识；介绍了仿真平台 eNSP 和 VRP，使得读者能够通过仿真软件模拟交换机和路由器的配置。

码 2-6 本章小结

2.4 本章练习

码 2-7 本章练习答案

一、填空题

1. 组成计算机网络的各种设备中的两种功能强大的网络设备是_____和_____。
2. 二层交换机工作于 OSI 模型的_____层。
3. 当数据从一个子网传输到另一个子网时，可通过_____来完成。
4. 网络设备登录方式有_____和_____两种。
5. 在使用 VRP 时候，如果操作用户忘记命令的参数或关键字，可使用命令行帮助。命令行帮助分为_____和_____。

二、选择题

1. 使用 VRP 仿真软件时，改变路由器主机名的命令是（   ）。
   A．host   B．sysname   C．login   D．hostname
2. 在三层交换机和路由器中，根据任务需要配置相关路由信息，可以在用户视图下使用（   ）命令来查看 IPv4 路由信息。

A. display ip routing-table　　　　B. show ip routing-table
　　C. display routing-table　　　　　 D. show routing-table
3. 二层网桥工作于 OSI 模型的第（　　）层。
　　A. 一　　　　B. 二　　　　C. 三　　　　D. 四
4. 路由器工作于 OSI 模型的第（　　）层。
　　A. 一　　　　B. 二　　　　C. 三　　　　D. 四
5. eNSP 在最低配置的系统环境下组网时的设备最大数量为（　　）台。
　　A. 5　　　　 B. 6　　　　 C. 7　　　　 D. 10

三、简答题

1. 简述二层交换机的外形特点。
2. 简述网络设备通过超级终端方式和远程登录方式登录的优缺点。

第 3 章　小型局域网的构建

本章要点
- 了解 VLAN 技术。
- 掌握 VLAN 的类型及其相关配置。
- 掌握交换机端口的链路类型及相关配置。

VLAN（虚拟局域网）技术的出现主要是为了解决交换机在进行局域网互联时无法限制广播的问题。这种技术可以把一个物理局域网划分为多个虚拟局域网，每个 VLAN 就是一个广播域，VLAN 内的主机间通信就和在一个 LAN 内一样，而 VLAN 间的主机则不能直接互通，这样广播数据帧被限制在一个 VLAN 内。

3.1　VLAN 技术简介

交换式以太网出现后，同一个交换机下不同的端口处于不同的冲突域中，交换式以太网的效率大大提高。在交换式以太网中，由于交换机所有的端口都处于一个广播域内，因此导致一台计算机发出的广播帧，局域网中所有的计算机都能够被收到，使局域网中的有线网络资源被无用的广播信息所占用。

码 3-1　VLAN 技术简介

3.1.1　VLAN 的基础配置

早期的局域网技术大多都是总线型结构的。总线型结构由一根单电缆连接着所有主机，这种结构有一个很大的问题就是冲突域，即所有用户都在一个冲突域中，那么同一时间内只有一台主机能发送消息，从任意设备发出的消息都会被其他所有主机接收到，用户可能收到大量并不需要的报文。所有主机共享一条传输通道，任意主机之间都可以直接互相访问，无法控制传输数据的安全。

为了避免冲突域，同时扩展传统局域网以方便更多计算机的接入，可以在局域网中使用二层交换机。交换机能有效隔离冲突域，但是却不能隔离广播域，即所有计算机仍处于同一个广播域中，任意设备都能接收到同一广播域下的所有报文，这样虽然隔离了冲突域，但网络的转发效率和安全性都很低，即广播域和信息传输安全问题依旧存在。为了能减少广播域，提高局域网的安全性，人们使用虚拟局域网（即 VLAN）技术把一个物理的 LAN 在逻辑上划分成多个广播域。VLAN 内的主机间可以相互直接通信，而 VLAN 间不能直接互联互通。这样，广播报文被限制在一个 VLAN 内，同时也相对提高了网络的安全性。不同的 VLAN 使用不同的 VLAN ID 区分，VLAN ID 的范围是 0~4095，可配置的值为 1~4094，而 0 和 4095 为保留值。

3.1.2 VLAN 类型

VLAN 的主要目的就是划分广播域，在建设网络时主要根据物理端口、MAC 地址、协议和子网来划分广播。

1. VLAN 的划分方法

（1）基于端口划分的 VLAN

这是最常应用的一种 VLAN 划分方法，目前绝大多数 VLAN 协议的交换机都提供这种 VLAN 配置方法。这种划分 VLAN 的方法是根据以太网交换机的交换端口来划分的，它将 VLAN 交换机上的物理端口和 VLAN 交换机内部的 PVC（永久虚电路）端口分成若干个组，每个组构成一个虚拟网，相当于一个独立的 VLAN 交换机。

不同部门需要互访时，可通过路由器转发，并配合基于 MAC 地址的端口过滤。在某站点的访问路径上，对最靠近该站点的交换机、路由交换机或路由器的相应端口上设定可通过的 MAC 地址集，这样就可以防止非法入侵者从内部盗用 IP 地址或从其他可接入点入侵的可能。

这种划分方法的优点是确定 VLAN 成员时非常简单，只要将所有的端口都定义为相应的 VLAN 组即可，适合于任何大小的网络；缺点是如果某用户离开了原来的端口，到了一个新的交换机的某个端口，就必须重新定义。

（2）基于 MAC 地址划分的 VLAN

这种划分 VLAN 的方法是根据每个主机的 MAC 地址来划分的，即对每个 MAC 地址的主机都配置其属于哪个组，它实现的机制就是每一块网卡都对应唯一的 MAC 地址，VLAN 交换机跟踪属于该 VLAN 的 MAC 地址。这种方式的 VLAN 允许网络用户从一个物理位置移动到另一个物理位置时，自动保留其所属 VLAN 的成员身份。

由这种划分的机制可以看出，基于 MAC 地址划分 VLAN 的优点就是，当用户物理位置移动时，即从一个交换机换到其他的交换机时，VLAN 不用重新配置，因为它基于用户，而不基于交换机的端口。这种划分方法的缺点是，初始化时，所有的用户都必须进行配置，如果有几百个甚至上千个用户，则配置是非常累的，所以这种划分方法通常适用于小型局域网；这种划分的方法也导致了交换机执行效率的降低，因为每一个交换机的端口都可能存在很多个 VLAN 组的成员，保存了许多用户的 MAC 地址，查询起来相当不容易；另外，对于使用便携式计算机的用户来说，他们的网卡可能经常更换，这样 VLAN 就必须经常配置。

（3）基于网络层协议划分的 VLAN

VLAN 按网络层协议来划分，可分为 IP、IPX 等 VLAN 网络。这种按网络层协议来组成的 VLAN，可使广播域跨越多个 VLAN 交换机，这对于希望针对具体应用和服务来组织用户的网络管理员来说是非常具有吸引力的。用户可以在网络内部自由移动，而其 VLAN 成员身份仍然保留不变。

这种方法的优点是用户的物理位置改变了，不需要重新配置所属的 VLAN，而且可以根据协议类型来划分 VLAN，这对网络管理者来说很重要；不需要附加的帧标签来识别 VLAN，这样可以减少网络的通信量。这种方法的缺点是效率低，因为检查每一个数据包的网络层地址是需要消耗处理时间的（相对于前面两种方法），一般的交换机芯片都可以自动检查网络上数据包的以太网帧头，但要让芯片能检查 IP 帧头，需要更先进的技术，同时也更费时，这与各个厂商的实现方法有关。

（4）根据 IP 多播划分的 VLAN

IP 多播实际上也是一种 VLAN 的定义，即认为一个 IP 多播组就是一个 VLAN。这种划分的方法将 VLAN 扩大到了广域网，因此这种方法具有更大的灵活性，而且也很容易通过路由器进行扩展，主要适合于不在同一地理范围内的局域网用户组成一个 VLAN。它的缺点是不适合局域网，主要是效率不高。

（5）按策略划分的 VLAN

基于策略组成的 VLAN 能实现多种分配方法，包括 VLAN 交换机端口、MAC 地址、IP 地址、网络层协议等。网络管理人员可根据自己的管理模式和本单位的需求来决定选择哪种类型的 VLAN。

（6）按用户定义、非用户授权划分的 VLAN

基于用户定义、非用户授权来划分 VLAN 是指为了适应特别的 VLAN 网络，根据具体的网络用户的特别要求来定义和设计 VLAN，而且可以让非 VLAN 群体用户访问 VLAN，但是需要提供用户密码，在得到 VLAN 管理的认证后才可以加入。

2. 配置 VLAN 的命令

（1）创建 VLAN

创建 VLAN 的命令格式如下。

```
vlan vlan_id
```

其中，vlan_id 指定创建 VLAN 的 VLAN ID，范围为 1～4096。

除默认 VLAN 1 外，其余 VLAN 需要通过命令来手工创建。创建 VLAN 有两种方式，一种是使用 vlan 命令一次创建单个 VLAN，另一种是使用 vlan batch 命令一次创建多个 VLAN。一次创建多个 VLAN 的命令格式如下。

```
vlan batch vlan_id1 vlan_id2
```

其中，vlan_id1、vlan_id2 表示要创建的多个 VLAN ID 号。

（2）查看 VLAN 的相关信息

查看 VLAN 的相关信息的命令格式如下。

```
display vlan
```

也可以使用 display vlan summary 命令和 display port vlan 命令查看所配置 VLAN 及端口的简要信息。

3.2 交换机端口类型

码 3-2 交换机端口类型

3.2.1 交换机端口类型介绍

1. Access 端口

（1）Access 端口简介

Access 端口是交换机上用来连接用户主机的端口。当 Access 端口从主机收到一个不带

VLAN 标签的数据帧时，会给该数据帧加上与 PVID（Port-base Vlan ID），端口的虚拟局域网 ID 号）一致的 VLAN 标签（PVID 可手工配置，默认是 1，即所有交换机上的端口默认都属于 VLAN 1）。当 Access 端口要发送一个带 VLAN 标签的数据帧给主机时，首先检查该数据帧的 VLAN ID 是否与自己的 PVID 相同。若相同，则去掉 VLAN 标签后发送该数据帧给主机；若不同，则直接丢弃该数据帧。

（2）Access 端口配置命令

在端口视图下设置端口类型，其命令格式如下。

```
port link-type {access|trunk|hybrid}
```

当采用 Access 端口配置时，选择 Access 模式。

2. Trunk 端口

（1）Trunk 端口简介

在以太网中，通过划分 VLAN 来隔离广播域和增强网络通信的安全性。以太网通常由多台交换机组成，为了使 VLAN 的数据帧跨越多台交换机传递，交换机之间互连的链路需要配置为干道链路（Trunk Link）。和接入链路不同的是，干道链路是用在不同的设备之间（如交换机和路由器之间、交换机和交换机之间）承载多个不同 VLAN 数据的。它不属于任何一个具体的 VLAN，可以承载所有的 VLAN 数据，也可以配置为只能传输指定 VLAN 的数据。

Trunk 端口一般指用于交换机之间连接的端口。Trunk 端口可以属于多个 VLAN，可以接收和发送多个 VLAN 的报文。

当 Trunk 端口收到数据帧时，如果该数据帧不包含 802.1Q 的 VLAN 标签，将打上 Trunk 端口的 PVID；如果该帧包含 802.1Q 的 VLAN 标签，则不改变。

当 Trunk 端口发送数据帧时，若所发送帧的 VLAN ID 与端口的 PVID 不同，则检查是否允许该 VLAN 通过，若允许则直接透传（透明传送），若不允许就直接丢弃；当该帧的 VLAN ID 与端口的 PVID 相同时，则剥离 VLAN 标签后转发。

（2）Trunk 端口配置命令

1）设置端口类型。在端口视图下设置端口类型，其命令格式如下。

```
port link-type {access|trunk|hybrid}
```

当采用 Trunk 端口配置时，选择 trunk 模式。

2）允许特定 VLAN ID 数据通过该通道。在端口视图下设置允许特定 VLAN ID 数据通过该通道，其命令格式如下。

```
port trunk allow-pass vlan vlan_id1 vlan_id2
```

其中，vlan_id1、vlan_id2 是允许通过的 VLAN ID，如果选择 all，则允许所有数据通过。

3.2.2 基于交换机端口的实训项目

1. Access 端口项目

（1）项目引入

整个网络系是一个大的局域网环境，分为不同的部门和机房，交换机 SW 放置在能与两

码 3-3 基于交换机端口的实训项目-Access 项目

层相连的弱电竖井里。3 楼有教师办公室和机房，4 楼有教务办公室和机房。要求教务办公室和教师办公室可以互通，机房与机房之间可以互通，但是办公室不能和机房互通。

（2）利用 Access 端口实现 VLAN 间的路由连接

配置的 Access 端口拓扑如图 3-1 所示。

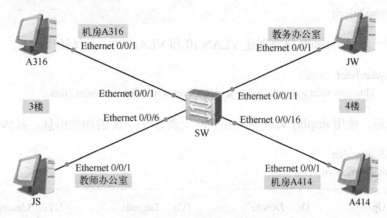

图 3-1 配置 Access 端口拓扑

设备端口及对应地址见表 3-1。

表 3-1 设备端口及对应地址

设备	端　　口	IP 地址	子网掩码	默认网关
JS	Ethernet 0/0/1	192.168.10.10	255.255.255.0	N/A
JW	Ethernet 0/0/1	192.168.10.20	255.255.255.0	N/A
A316	Ethernet 0/0/1	192.168.10.30	255.255.255.0	N/A
A414	Ethernet 0/0/1	192.168.10.40	255.255.255.0	N/A

（3）实训步骤

1）基本配置。打开所有设备，根据设备端口及对应地址进行相应的 IP 地址配置，配置完成后使用 ping 命令测试各直连链路的连通性，使所有的 PC 都能相互通信，具体操作如下。

```
PC>ping 192.168.10.10
Ping 192.168.10.10： 32 data bytes， Press Ctrl_C to break
From 192.168.10.10： bytes=32 seq=1 ttl=128 time=62 ms
From 192.168.10.10： bytes=32 seq=2 ttl=128 time=62 ms
--- 192.168.10.10 ping statistics ---
2 packet（s）transmitted
2 packet（s）received
0.00% packet loss
round-trip min/avg/max = 62/62/62 ms
```

其他主机间的相互通信测试和上述相同。

2）创建 VLAN。操作：在 SW 上使用两条命令分别创建 VLAN 10 和 VLAN 20，具体操作如下。

```
[SW]vlan 10
[SW-vlan10]quit
[SW]vlan 20
[SW-vlan20]quit
```

或者使用一条 vlan batch 命令创建 VLAN 10 和 VLAN 20，具体操作如下。

```
[SW]vlan batch 10 20
Info:   This operation may take a few seconds. Please wait for a moment...done.
```

配置完成后，使用 display vlan 命令在 SW 上查看 VLAN 的相关信息，具体操作如下。

```
[SW]display vlan
The total number of vlans is :   3
------------------------------------------------------------------------------
U: Up;           D: Down;            TG: Tagged;           UT: Untagged;
MP: Vlan-mapping;                    ST: Vlan-stacking;
#: ProtocolTransparent-vlan;         *: Management-vlan;
------------------------------------------------------------------------------

VID  Type    Ports
------------------------------------------------------------------------------
1    common  UT: Eth0/0/1（U）    Eth0/0/2（D）    Eth0/0/3（D）    Eth0/0/4（D）
                 Eth0/0/5（D）    Eth0/0/6（U）    Eth0/0/7（D）    Eth0/0/8（D）
                 Eth0/0/9（D）    Eth0/0/10（D）   Eth0/0/11（U）   Eth0/0/12（D）
                 Eth0/0/13（D）   Eth0/0/14（D）   Eth0/0/15（D）   Eth0/0/16（U）
                 Eth0/0/17（D）   Eth0/0/18（D）   Eth0/0/19（D）   Eth0/0/20（D）
                 Eth0/0/21（D）   Eth0/0/22（D）   GE0/0/1（D）     GE0/0/2（D）

10   common
20   common
VID  Status   Property       MAC-LRN  Statistics  Description
------------------------------------------------------------------------------
1    enable   default        enable   disable     VLAN 0001
10   enable   default        enable   disable     VLAN 0010
20   enable   default        enable   disable     VLAN 0020
[SW]
```

可以观察到，在交换机 SW 上已经成功创建了相应 VLAN，但目前没有任何端口加入所创建的 VLAN 10 与 VLAN20 中，默认情况下交换机上所有端口都属于 VLAN 1。

3）配置 Access 端口。按照拓扑，使用 port link-type access 命令配置 SW 交换机上连接 PC 的端口为 Access 类型端口，使用 port default vlan 命令配置端口的默认 VLAN 并同时加入相应 VLAN 中。默认情况下，所有端口的默认 VLAN ID 为 1。根据项目需求，可以把机房网段放在 VLAN 10 中，把办公室网段放在 VLAN 20 中，具体操作如下。

```
[SW]interface Ethernet 0/0/1
[SW-Ethernet0/0/1]port link-type access
```

```
[SW-Ethernet0/0/1]port default vlan 10
[SW-Ethernet0/0/1]quit
[SW]interface Ethernet 0/0/16
[SW-Ethernet0/0/16]port link-type access
[SW-Ethernet0/0/16]port default vlan 10
[SW-Ethernet0/0/16]quit
[SW]interface Ethernet 0/0/11
[SW-Ethernet0/0/11]port link-type access
[SW-Ethernet0/0/11]port default vlan 20
[SW-Ethernet0/0/11]quit
[SW]interface Ethernet 0/0/6
[SW-Ethernet0/0/6]port link-type access
[SW-Ethernet0/0/6]port default vlan 20
[SW-Ethernet0/0/6]quit
```

配置完成后，使用 display vlan 查看 SW 上的 VLAN 配置信息，具体操作如下。

```
[SW]display vlan
The total number of vlans is :   3
--------------------------------------------------------------------------------
U: Up;            D: Down;          TG: Tagged;        UT: Untagged;
MP: Vlan-mapping;                   ST: Vlan-stacking;
#: ProtocolTransparent-vlan;        *: Management-vlan;
--------------------------------------------------------------------------------
VID  Type    Ports

1    common  UT：Eth0/0/2（D）    Eth0/0/3（D）    Eth0/0/4（D）    Eth0/0/5（D）
                Eth0/0/7（D）    Eth0/0/8（D）    Eth0/0/9（D）    Eth0/0/10（D）
                Eth0/0/12（D）   Eth0/0/13（D）   Eth0/0/14（D）   Eth0/0/15（D）
                Eth0/0/17（D）   Eth0/0/18（D）   Eth0/0/19（D）   Eth0/0/20（D）
                Eth0/0/21（D）   Eth0/0/22（D）   GE0/0/1（D）     GE0/0/2（D）
10   common  UT：Eth0/0/1（U）    Eth0/0/16（U）
20   common  UT：Eth0/0/6（U）    Eth0/0/11（U）
VID  Status  Property    MAC-LRN Statistics Description
--------------------------------------------------------------------------------
1    enable  default     enable  disable     VLAN 0001
10   enable  default     enable  disable     VLAN 0010
20   enable  default     enable  disable     VLAN 0020
```

通过查看信息可以看到，交换机上连接的 PC 端口都已经加入到对应的互不干涉的 VLAN 当中。

4）检查配置结果。在交换机上将不同端口加入各自不同的 VLAN 后，属于相同 VLAN 的端口处于同一个广播域，相互之间可以直接通信。属于不同 VLAN 的端口处于不同的广播域，相互之间不能直接通信。

在本项目试验中，只有 JW 和 JS、A316 和 A414 能相互访问，但是 JW 不能和 A414 或者 A316 互通，JS 也一样。图 3-2 所示为以 A316 为例的连通性测试。

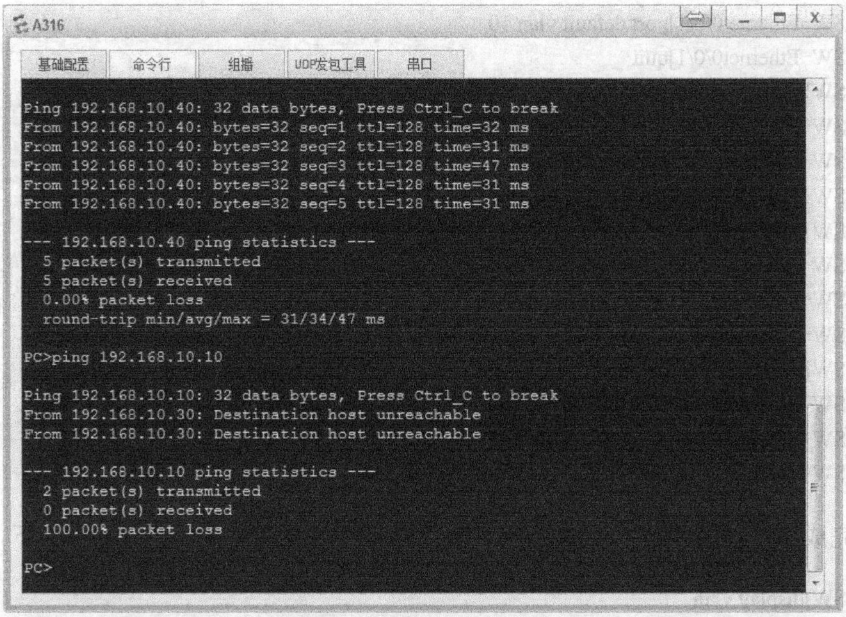

图 3-2 Access 联通性测试

通过测试可以看到，相同 VLAN 中的 PC 可以相互通信，不同 VLAN 内的 PC 无法通信。

2. Trunk 端口项目

（1）项目引入

利用模拟器模拟网络系网络场景。整个网络系是一个大的局域网环境，分为不同的部门和机房，交换机 SW1 放在 3 楼 A301，交换机 SW2 放在 4 楼 A404。3 楼有教师办公室和机房，4 楼有教务办公室和机房。要求教务办公室和教师办公室可以互通，机房与机房之间可以互通，但是办公室不能和机房互通。

码 3-4 基于交换机接口的实训项目-Trunk 项目

（2）拓扑结构

利用 Trunk 端口实现 VLAN 间路由的拓扑，如图 3-3 所示。

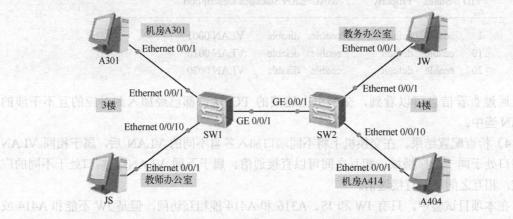

图 3-3 利用 Trunk 端口实现 VLAN 间路由的拓扑

设备端口及对应地址见表 3-2。

表 3-2　设备端口及对应地址

设备	端　　口	IP 地址	子网掩码	默认网关
JS	Ethernet 0/0/1	192.168.10.10	255.255.255.0	N/A
JW	Ethernet 0/0/1	192.168.10.20	255.255.255.0	N/A
A301	Ethernet 0/0/1	192.168.10.30	255.255.255.0	N/A
A404	Ethernet 0/0/1	192.168.10.40	255.255.255.0	N/A

（3）实训步骤

1）基本配置。打开所有设备，根据设备端口及对应地址进行相应的 IP 地址配置，配置完成后使用 ping 命令测试各直连链路的连通性，使所有的 PC 都能相互通信，具体操作如下。

```
PC>ping 192.168.10.10
Ping 192.168.10.10：  32 data bytes， Press Ctrl_C to break
From 192.168.10.10：  bytes=32 seq=1 ttl=128 time=62 ms
From 192.168.10.10：  bytes=32 seq=2 ttl=128 time=62 ms
--- 192.168.10.10 ping statistics ---
  2 packet（s）transmitted
  2 packet（s）received
  0.00% packet loss
  round-trip min/avg/max = 62/62/62 ms
```

其他主机间的相互通信测试和上述相同。

2）创建 VLAN，配置 Access 端口。在 SW1 上使用两条命令分别创建 VLAN 10 和 VLAN 20，具体操作如下。

```
[SW1]vlan 10
[SW1-vlan10]quit
[SW1]vlan 20
[SW1-vlan20]quit
```

在 SW2 上使用一条 vlan batch 命令创建 VLAN 10 和 VLAN 20，具体操作如下。

```
[SW2]vlan batch 10 20
Info： This operation may take a few seconds. Please wait for a moment...done.
[SW2]
```

按照拓扑，使用 port link-type access 命令配置所有 SW1 和 SW2 交换机上连接 PC 的端口为 Access 类型端口，使用 port default vlan 命令配置端口的默认 VLAN 并同时加入相应 VLAN 中。机房 A301 和机房 A404 同在 VLAN 10 中，教务办公室和教师办公室同在 VLAN 20 中，具体操作如下。

```
[SW1]interface   Ethernet0/0/1
```

```
[SW1-Ethernet0/0/1]port link-type access
[SW1-Ethernet0/0/1]port default vlan 10
[SW1-Ethernet0/0/1]quit
[SW1]interface Ethernet0/0/10
[SW1-Ethernet0/0/10]port link-type access
[SW1-Ethernet0/0/10]port default vlan 20
[SW1-Ethernet0/0/10]quit

[SW2]interface Ethernet0/0/1
[SW2-Ethernet0/0/1]port link-type access
[SW2-Ethernet0/0/1]port default vlan 20
[SW2-Ethernet0/0/1]quit
[SW2]interface Ethernet0/0/10
[SW2-Ethernet0/0/10]port link-type access
[SW2-Ethernet0/0/10]port default vlan 10
[SW2-Ethernet0/0/10]quit
```

配置完成后，使用 display vlan 查看 SW1 和 SW2 上的 VLAN 配置信息。以 SW1 为例，具体操作如下。

```
[SW1]display vlan
The total number of vlans is :   3
----------------------------------------------------------------
U: Up;          D: Down;         TG: Tagged;        UT: Untagged;
MP: Vlan-mapping;                ST: Vlan-stacking;
#: ProtocolTransparent-vlan;     *: Management-vlan;
----------------------------------------------------------------

VID  Type    Ports
----------------------------------------------------------------
1    common  UT: Eth0/0/2（D）    Eth0/0/3（D）    Eth0/0/4（D）    Eth0/0/5（D）
             Eth0/0/6（D）        Eth0/0/7（D）    Eth0/0/8（D）    Eth0/0/9（D）
             Eth0/0/11（D）       Eth0/0/12（D）   Eth0/0/13（D）   Eth0/0/14（D）
             Eth0/0/15（D）       Eth0/0/16（D）   Eth0/0/17（D）   Eth0/0/18（D）
             Eth0/0/19（D）       Eth0/0/20（D）   Eth0/0/21（D）   Eth0/0/22（D）
             GE0/0/1（U）         GE0/0/2（D）
10   common  UT: Eth0/0/1（U）
20   common  UT: Eth0/0/10（U）
VID  Status  Property      MAC-LRN Statistics Description
----------------------------------------------------------------
1    enable  default       enable  disable    VLAN 0001
10   enable  default       enable  disable    VLAN 0010
20   enable  default       enable  disable    VLAN 0020
```

也可以使用 display vlan summary 命令和 display port vlan 命令查看所配置 VLAN 及端口的简要信息。以 SW2 为例，具体操作如下。

```
[SW2]display vlan summary
```

```
static vlan:
Total 3 static vlan.
  1 10 20
dynamic vlan:
Total 0 dynamic vlan.
reserved vlan:
Total 0 reserved vlan.

[SW2]display port vlan
Port                      Link Type    PVID   Trunk VLAN List
────────────────────────────────────────────────────────────
Ethernet0/0/1             access       20      -
Ethernet0/0/10            access       10      -
GigabitEthernet0/0/1      hybrid       1       -
```

3）配置 Trunk 端口。完成之前的配置，通过 ping 命令进行测试，会发现对应的 VLAN 中的主机并不能通信。

目前在该项目网络拓扑中，虽然与 PC 端相连的交换机端口上创建并划分了 VLAN 信息，但是在交换机与交换机之间相连的端口上并没有相应的 VLAN 信息，不能够识别和发送跨越交换机的 VLAN 报文，此时 VLAN 只具有在每台交换机上的本地意义，无法实现相同 VLAN 的跨交换机通信。

为了让交换机之间能够识别和发送跨越交换机的 VLAN 报文，需要将交换机间相连的端口配置成为 Trunk 端口。配置时要明确被允许通过的 VLAN，实现 VLAN 流量传输的控制。

在两个交换机连接的端口 GigabitEthernet0/0/1 上配置 Trunk，使端口可以同时允许 VLAN 10 和 VLAN 20 通过，具体操作如下。

```
[SW1]interface GigabitEthernet 0/0/1
[SW1-GigabitEthernet0/0/1]port link-type trunk
[SW1-GigabitEthernet0/0/1]port trunk allow-pass vlan all
[SW1-GigabitEthernet0/0/1]quit

[SW2]interface GigabitEthernet 0/0/1
[SW2-GigabitEthernet0/0/1]port link-type trunk
[SW1-GigabitEthernet0/0/1]port trunk allow-pass vlan all
[SW2-GigabitEthernet0/0/1]quit
```

配置完成后可以使用 display port vlan 命令来检查 Trunk 的配置情况，这里以 SW2 为例，具体操作如下。

```
[SW2]display port vlan
Port                      Link Type    PVID   Trunk VLAN List
────────────────────────────────────────────────────────────
Ethernet0/0/1             access       20      -
Ethernet0/0/10            access       10      -
GigabitEthernet0/0/1      trunk        1       1
```

可以看到，SW2 的 GigabitEthernet0/0/1 已被成功配置为 Trunk 端口，并且允许所有 VLAN 流量通过（VLAN 1~4094）。再次验证不同交换机上的机房和机房、办公室和办公室之间 PC 间的联通性，可以观察到对应的需求已经满足。

3.3 单臂路由

3.3.1 单臂路由简介

码 3-5　单臂路由

在以太网中，通常会使用 VLAN 技术隔离二层广播域来减少广播的影响，并增强网络的安全性和可管理性。VLAN 技术的缺点是严格地隔离了不同 VLAN 之间的任何二层广播域的流量，使分属于不同 VLAN 的用户不能直接互相通信。在现实中，经常会出现某些用户需要跨越 VLAN 实现通信的情况，由此而生的单臂路由技术就是解决 VLAN 间通信的一种方法。

1．单臂路由的原理

单臂路由的原理是通过一台路由器，使 VLAN 间互通数据通过路由器进行三层转发。如果在路由器上为每个 VLAN 分配一个单独的路由器物理端口，随着 VLAN 数量的增加，必然需要更多的端口，而路由器能提供的端口数量比较有限，所以在路由器的一个物理端口上通过配置子端口（即逻辑端口）的方式来实现以一当多的功能。路由器同一物理端口的不同子端口作为不同 VLAN 的默认网关，当不同 VLAN 间的用户主机需要通信时，只需将数据包发送给网关，网关处理后再发送至目的主机所在 VLAN，从而实现 VLAN 间通信。从拓扑结构图上看，在交换机与路由器之间，数据仅通过一条物理链路传输，故被形象地称为"单臂路由"。

VLAN 能有效分割局域网，实现各网络区域之间的访问控制，但现实中，往往需要配置某些 VLAN 之间的互联互通。例如，某公司划分为领导层、销售部、财务部、人力部、科技部、审计部，并为不同部门配置了不同的 VLAN，部门之间不能相互访问，有效保证了各部门的信息安全。但经常出现领导层跨越 VLAN 访问其他各个部门的情况，这个功能就由单臂路由来实现。

2．单臂路由的相关配置

（1）创建子端口，并封装 802.1Q 协议

创建子端口，并封装 802.1Q 协议，其命令格式如下。

```
interface  subinterface
dot1q termination vid vlan_id
```

其中，subinterface 表示子端口，vlan_id 表示 VLAN ID 号。

使用 dot1q termination vid 命令可配置子端口对一层 tag 报文的终结功能。即配置该命令后，路由器子端口在接收带有 VLAN tag 的报文时，将剥掉该报文并对其进行三层转发，在发送报文时，会将与该子端口对应 VLAN 的 VLAN tag 添加到报文中。

（2）开启子端口的 ARP 广播功能

开启子端口的 ARP 广播功能的命令格式如下。

arp broadcast enable

使用 arp broadcast enable 命令可开启子端口的 ARP 广播功能。如果不配置该命令,将会导致该子端口无法主动发送 ARP 广播报文,以及向外转发 IP 报文。

3.3.2 基于单臂路由技术的实训项目

1. 项目引入

本实训项目用于模拟对网络系进行网络布置的场景。
路由器 R1 是网络系的出口网关,各 PC 设备通过接入层
交换机(如 SW2 和 SW3)接入网络系网络,接入层交换机又通过汇聚交换机 SW1 与路由器 R1 相连。网络系内部网络通过划分不同的 VLAN 隔离了不同办公室之间的二层通信,保证各办公室间的信息安全,但是由于工作需要,教务办公室、教师办公室和系主任办公室之间需要能实现跨 VLAN 通信。网络管理员决定借助路由器的三层功能,通过配置单臂路由来实现这一需求。

码 3-6 基于单臂路由技术的实训项目

2. 拓扑结构

利用单臂路由实现 VLAN 间的路由拓扑结构,如图 3-4 所示。

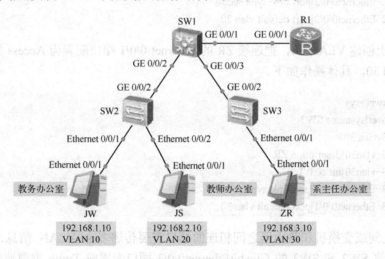

图 3-4 利用单臂路由实现 VLAN 间的路由拓扑

设备端口及对应地址见表 3-3。

表 3-3 设备端口及对应地址

设备	端 口	IP 地址	子网掩码	默认网关
R1	GigabitEthernet0/0/1	192.168.1.1	255.255.255.0	N/A
	GigabitEthernet0/0/1	192.168.2.1	255.255.255.0	N/A
	GigabitEthernet0/0/1	192.168..3.1	255.255.255.0	N/A
JW	Ethernet 0/0/1	192.168.1.10	255.255.255.0	192.168.1.1
JS	Ethernet 0/0/1	192.168.2.10	255.255.255.0	192.168.2.1
ZR	Ethernet 0/0/1	192.168..3.10	255.255.255.0	192.168.3.1

3. 实训步骤

（1）创建 VLAN 并配置 Access 端口与 Trunk 端口

保证隔离不同办公室间的二层通信，规划各办公室的终端属于不同的 VLAN，并为 PC 配置相应 IP 地址。

在 SW2 上创建 VLAN 10 和 VLAN 20，把连接 JW 的 Ethernet 0/0/1 和连接 JS 的 Ethernet 0/0/2 端口配置为 Access 类型端口，并分别划分到相应的 VLAN 中，具体操作如下。

```
<huawei>sys
[huawei]sysname SW2
[SW2]vlan 10
[SW2-vlan10]description JW
[SW2-vlan10]vlan 20
[SW2-vlan20]description JS
[SW2-vlan20]int e0/0/1
[SW2-Ethernet0/0/1]port link-type access
[SW2-Ethernet0/0/1]port default vlan 10
[SW2-Ethernet0/0/1]int e0/0/2
[SW2-Ethernet0/0/2]port link-type access
[SW2-Ethernet0/0/2]port default vlan 20
```

在 SW3 上创建 VLAN 30，把连接 ZR 的 Ethernet 0/0/1 端口配置为 Access 类型端口，并划分到 VLAN 30，具体操作如下。

```
<Huawei>sys
[Huawei]sysname SW3
[SW3]vlan 30
[SW3-vlan30]description ZR
[SW3-vlan30]int e0/0/1
[SW3-Ethernet0/0/1]port link-type access
[SW3-Ethernet0/0/1]port default vlan 30
```

交换机之间或交换机和路由器之间相连的端口需要传递多个 VLAN 信息，需要配置成 Trunk 端口。将 SW2 和 SW3 的 GigabitEthernet0/0/2 端口配置成 Trunk 类型端口，并允许所有 VLAN 通过，具体操作如下。

```
[SW2]int g0/0/2
[SW2-GigabitEthernet0/0/2]port link-type trunk
[SW2-GigabitEthernet0/0/2]port trunk allow-pass vlan 10 20
[SW3]int g0/0/2
[SW3-GigabitEthernet0/0/2]port link-type trunk
[SW3-GigabitEthernet0/0/2]port trunk allow-pass vlan 30
```

在 SW1 上创建 VLAN 10、VLAN 20 和 VLAN 30，并配置交换机和路由器相连的端口为 Trunk 类型端口，允许所有 VLAN 通过，具体操作如下。

```
<Huawei>sys
```

```
[Huawei]sysname SW1
[SW1]vlan batch 10 20 30
[SW1]int g0/0/2
[SW1-GigabitEthernet0/0/2]port link-type trunk
[SW1-GigabitEthernet0/0/2]port trunk allow-pass vlan 10 20
[SW1-GigabitEthernet0/0/2]int g0/0/3
[SW1-GigabitEthernet0/0/3]port link-type trunk
[SW1-GigabitEthernet0/0/3]port trunk allow-pass vlan 30
[SW1-GigabitEthernet0/0/3]int g0/0/1
[SW1-GigabitEthernet0/0/1]port link-type trunk
[SW1-GigabitEthernet0/0/1]port trunk allow-pass vlan all
```

（2）配置路由器子端口和 IP 地址

由于路由器 R1 只有一个实际的物理端口与交换机 SW1 相连，因此可以在路由器上配置不同的逻辑子端口来作为不同 VLAN 的网关，从而达到节省路由器端口的目的。

在 R1 上创建子端口 GigabitEthernet0/0/1.1，配置 IP 地址为 192.168.1.1/24，作为教务办公室的网关地址。有些路由器的端口默认处于关闭状态，一般情况下，做完配置后需要使用 undo shutdown 命令来开启端口，让端口处于 UP 状态，具体操作如下。

```
<Huawei>sys
[Huawei]sysname R1
[R1]
[R1]vlan batch 10 20 30
[R1]int g0/0/1.1
[R1-GigabitEthernet0/0/1.1]
[R1-GigabitEthernet0/0/1.1]ip address 192.168.1.1 24
[R1-GigabitEthernet0/0/1.1]undo shut
Info: Interface GigabitEthernet0/0/1.1 is not shutdown.
```

在 R1 上创建子端口 GigabitEthernet0/0/1.2，配置 IP 地址为 192.168.2.1/24，作为教室办公室的网关地址，具体操作如下。

```
[R1]int g0/0/1.2
[R1-GigabitEthernet0/0/1.2]ip address 192.168.2.1 24
[R1-GigabitEthernet0/0/1.2]undo shut
Info: Interface GigabitEthernet0/0/1.2 is not shutdown.
```

在 R1 上创建子端口 GigabitEthernet0/0/1.3，配置 IP 地址为 192.168.3.1/24，作为系主任办公室的网关地址，具体操作如下。

```
[R1]int g0/0/1.3
[R1-GigabitEthernet0/0/1.3]ip address 192.168.3.1 24
[R1-GigabitEthernet0/0/1.3]undo shut
Info: Interface GigabitEthernet0/0/1.3 is not shutdown.
```

在 JW、JS 和 ZR 上配置 IP 和相应的网关地址后，在 JW 上测试与 JS 和 ZR 间的连通性，具体操作如下。

```
PC>ping 192.168.2.10
Ping 192.168.2.10:   32 data bytes,   Press Ctrl_C to break
From 192.168.1.10:   Destination host unreachable
From 192.168.1.10:   Destination host unreachable
From 192.168.1.10:   Destination host unreachable
From 192.168.1.10:   Destination host unreachable
--- 192.168.1.1 ping statistics ---
    4 packet（s）transmitted
    0 packet（s）received
    100.00% packet loss


PC>ping 192.168.3.10
Ping 192.168.3.10:   32 data bytes,   Press Ctrl_C to break
From 192.168.1.10:   Destination host unreachable
From 192.168.1.10:   Destination host unreachable
From 192.168.1.10:   Destination host unreachable
From 192.168.1.10:   Destination host unreachable
--- 192.168.1.1 ping statistics ---
    4 packet（s）transmitted
    0 packet（s）received
    100.00% packet loss
```

通过连通性测试可以看到，通信仍然无法建立。

（3）配置路由器子端口封装 VLAN

虽然目前已经创建了不同的子端口，并配置了相关 IP 地址，但是仍然无法通信。这是由于处于不同 VLAN 下，不同网段的 PC 间要实现互相通信，数据包必须通过路由器进行中转。由 SW1 发送到 R1 的数据都加上了 VLAN 标签，而路由器作为三层设备，默认无法处理带了 VLAN 标签的数据包，因此需要在路由器上的子端口下配置对应 VLAN 的封装，使路由器能够识别和处理 VLAN 标签，包括剥离和封装 VLAN 标签。

在路由器 R1 的子端口 GigabitEthernet0/0/1.1 上封装 VLAN 10，在子端口 GigabitEthernet0/0/1.2 上封装 VLAN 20，在子端口 GigabitEthernet0/0/1.3 上封装 VLAN 30，并开启子端口的 ARP 广播功能。

使用 dot1q termination vid 命令可配置子端口，实现对一层 tag 报文的终结功能。即配置该命令后，路由器子端口在接收带有 VLAN tag 的报文时，将剥掉 tag，然后对这个报文进行三层转发；在发送报文时，会将与该子端口对应 VLAN 的 VLAN tag 添加到报文中。其具体操作如下。

```
[R1]int g0/0/1.1
[R1-GigabitEthernet0/0/1.1]dot1q termination vid 10
```

使用 arp broadcast enable 命令可开启子端口的 ARP 广播功能。如果不配置该命令，将会导致该子端口无法主动发送 ARP 广播报文，以及向外转发 IP 报文，具体操作如下。

```
[R1-GigabitEthernet0/0/1.1]arp broadcast enable
```

同理，配置 R1 的子端口 GigabitEthernet0/0/1.2 和 GigabitEthernet0/0/1.3，具体操作如下。

[R1]int g0/0/1.2
[R1-GigabitEthernet0/0/1.2]dot1q termination vid 20
[R1-GigabitEthernet0/0/1.2]arp broadcast enable
[R1-GigabitEthernet0/0/1.2]int g0/0/1.3
[R1-GigabitEthernet0/0/1.3]dot1q termination vid 30
[R1-GigabitEthernet0/0/1.3]arp broadcast enable

配置完成后，使用 display ip interface brief 命令在路由器 R1 上查看端口状态，具体操作如下。

```
[R1]display ip interface brief
*down:   administratively down
^down:   standby
(l):  loopback
(s):  spoofing
The number of interface that is UP in Physical is 5
The number of interface that is DOWN in Physical is 2
The number of interface that is UP in Protocol is 4
The number of interface that is DOWN in Protocol is 3
Interface                  IP Address/Mask      Physical   Protocol
GigabitEthernet0/0/0       unassigned           down       down
GigabitEthernet0/0/1       unassigned           up         down
GigabitEthernet0/0/1.1     192.168.1.1/24       up         up
GigabitEthernet0/0/1.2     192.168.2.1/24       up         up
GigabitEthernet0/0/1.3     192.168.3.1/24       up         up
GigabitEthernet0/0/2       unassigned           down       down
NULL0                      unassigned           up         up（s）
```

可以观察到，3 个子端口的物理状态和协议状态都很正常。

使用 display ip routing-table 命令查看路由器 R1 的路由表，具体操作如下。

```
[R1]display ip routing-table
Route Flags:   R - relay,    D - download to fib
----------------------------------------------------------------
Routing Tables:  Public
       Destinations : 13        Routes : 13
Destination/Mask    Proto   Pre  Cost  Flags  NextHop         Interface
    127.0.0.0/8     Direct  0    0      D     127.0.0.1       InLoopBack0
    127.0.0.1/32    Direct  0    0      D     127.0.0.1       InLoopBack0
    127.255.255.255/32  Direct  0  0    D     127.0.0.1       InLoopBack0
    192.168.1.0/24  Direct  0    0      D     192.168.1.1     GigabitEthernet0/0/1.1
    192.168.1.1/32  Direct  0    0      D     127.0.0.1       GigabitEthernet0/0/1.1
    192.168.1.255/32 Direct 0    0      D     127.0.0.1       GigabitEthernet0/0/1.1
    192.168.2.0/24  Direct  0    0      D     192.168.2.1     GigabitEthernet0/0/1.2
```

192.168.2.1/32	Direct	0	0	D	127.0.0.1	GigabitEthernet0/0/1.2
192.168.2.255/32	Direct	0	0	D	127.0.0.1	GigabitEthernet0/0/1.2
192.168.3.0/24	Direct	0	0	D	192.168.3.1	GigabitEthernet0/0/1.3
192.168.3.1/32	Direct	0	0	D	127.0.0.1	GigabitEthernet0/0/1.3
192.168.3.255/32	Direct	0	0	D	127.0.0.1	GigabitEthernet0/0/1.3
255.255.255.255/32	Direct	0	0	D	127.0.0.1	InLoopBack0

可以观察到，路由表中已经有了 192.168.1.0/24、192.168.2.0/24、192.168.3.0/24 的路由条目，并且都是路由器 R1 的直连路由，类似于路由器上的直连物理端口。

在 JW 上分别测试与网关地址 192.168.1.1 和 JS 间的连通性，具体操作如下。

```
PC>ping 192.168.1.1
Ping 192.168.1.1: 32 data bytes, Press Ctrl_C to break
From 192.168.1.1: bytes=32 seq=1 ttl=255 time=468 ms
From 192.168.1.1: bytes=32 seq=2 ttl=255 time=63 ms
From 192.168.1.1: bytes=32 seq=3 ttl=255 time=47 ms
From 192.168.1.1: bytes=32 seq=4 ttl=255 time=63 ms
—— 192.168.1.1 ping statistics ——
  5 packet（s）transmitted
  5 packet（s）received
  0.00% packet loss
  round-trip min/avg/max = 47/143/468 ms

PC>ping 192.168.2.10
Ping 192.168.2.10: 32 data bytes, Press Ctrl_C to break
Request timeout!
From 192.168.2.10: bytes=32 seq=2 ttl=127 time=109 ms
From 192.168.2.10: bytes=32 seq=3 ttl=127 time=94 ms
From 192.168.2.10: bytes=32 seq=4 ttl=127 time=110 ms
—— 192.168.2.10 ping statistics ——
  5 packet（s）transmitted
  4 packet（s）received
  20.00% packet loss
  round-trip min/avg/max = 0/105/110 ms
```

通过连通性测试可以观察到，通信正常，可以在 JW 上 Tracert JS。
tracert ip/domain 的命令说明如下。

格式：tracert ip/domain，作用是显示 IP 要经过哪些路由。其中 ip 表示需要测试的 IP 地址，domain 表示需要测试的域名，具体操作如下。

```
PC>tracert 192.168.2.10
traceroute to 192.168.2.10,  8 hops max
（ICMP）,  press Ctrl+C to stop
  1  192.168.1.1   63 ms   47 ms   62 ms
  2  *192.168.2.10   125 ms   125 ms
```

可以观察到，JW 先把用 ping 命令得到的数据包发送给自身的网关 192.168.1.1，然后由网关发送到 JS。

现以 JW ping JS 为例，分析单臂路由的整个运作过程。

两台 PC 由于处于不同的网络中，这时 JW 会将数据包发往自己的网关，即路由器 R1 的子端口 GigabitEthernet0/0/1.1 的地址 192.168.1.1。

数据包到达路由器 R1 后，由于路由器的子端口 GigabitEthernet0/0/1.1 已经配置了 VLAN 封装，当接收到 JW 发送的 VLAN 10 的数据帧时，发现数据帧的 VLAN ID 与自身 GigabitEthernet0/0/1.1 端口配置的 VLAN ID 一样，便会在剥离掉数据帧的 VLAN 标签后通过三层路由转发。

通过查找路由表，发现数据包中的目的地址 192.168.2.10 所属的 192.168.2.0/24 网段的路由条目已经是路由器 R1 上的直连路由，且端口为 GigabitEthernet0/0/1.2，就将该数据包发送至 GigabitEthernet0/0/1.2 端口。

当 GigabitEthernet0/0/1.2 端口接收到一个没有带 VLAN 标签的数据帧时，就会加上自身端口所配置的 VLAN ID 20，再进行转发，然后通过交换机将数据帧顺利转发给 JS。

3.4 三层交换机的 VLAN 间路由

码 3-7　三层交换机的 VLAN 间路由

3.4.1 三层交换机简介

1. 三层交换机

VLAN 将一个物理的 LAN 在逻辑上划分成多个广播域，VLAN 内的主机间可以直接通信，而 VLAN 间不能直接互通。在现实网络中，经常会遇到需要跨 VLAN 相互访问的情况，工程师通常会使用一些方法来实现不同 VLAN 间主机的相互访问，如单臂路由。单臂路由技术由于存在一些局限性（如带宽、转发效率等），使得这项技术应用较少。除了单臂路由技术外，还可以通过三层交换技术来实现不同 VLAN 之间的相互通信。

三层交换机就是具有部分路由器功能的交换机。三层交换机的最重要作用是加快大型局域网内部的数据交换，所具有的路由功能也是为这一作用服务的，能够做到一次路由，多次转发。对于数据包转发等规律性的过程由硬件高速实现，而像路由信息更新和维护、路由计算、路由确定等功能，则由软件实现。三层交换技术就是二层交换技术+三层转发技术。传统交换技术是在 OSI 网络标准模型第二层（数据链路层）进行操作的，而三层交换技术是在网络模型中的第三层实现了数据包的高速转发，既可实现网络路由功能，又可根据不同网络状况做到最优网络性能。

同一网络上的计算机如果超过一定数量（通常在 200 台左右，视通信协议而定），就很可能会因为网络上大量的广播而导致网络传输效率低下。为了避免在大型交换机上进行广播所引起的广播风暴，可将其进一步划分为多个虚拟网（VLAN）。这样做将导致一个问题：VLAN 之间的通信必须通过路由器来实现。但是传统路由器难以胜任 VLAN 之间的通信任务，因为相对于局域网的网络流量来说，传统的普通路由器的路由能力太弱，而且千兆级路由器的价格也是非常难以接受的。如果使用三层交换机上的千兆端口或百兆端口连接不同的子网或 VLAN，就能在保持性能的前提下，经济地解决子网划分之后子网之间必须依赖路由器进行通信的问题，因此三层交换机是连接子网的理想设备。

如果采用传统的路由器，虽然可以隔离广播，但是性能得不到保障。三层交换机的性能非常高，既有三层路由的功能，又具有二层交换的网络速度。二层交换基于 MAC 寻址，三层交换转发基于第三层地址的业务流；除了必要的路由决定过程外，大部分数据转发过程由二层交换处理，提高了数据包转发的效率。三层交换机通过使用硬件交换机构实现了 IP 的路由功能，其优化的路由软件使得路由过程效率提高，解决了传统路由器软件路由的速度问题。因此可以说，三层交换机具有"路由器的功能、交换机的性能"。

除了优秀的性能之外，三层交换机还具有一些传统的二层交换机没有的特性，这些特性可以给校园网和城域教育网的建设带来许多好处，具体如下。

（1）高可扩充性

三层交换机在连接多个子网时，子网只是与第三层交换模块建立了逻辑连接，不像传统外接路由器那样需要增加端口，从而保护了用户对校园网、城域教育网的投资，并满足了学校 3～5 年网络应用快速增长的需要。

（2）高性价比

三层交换机具有连接大型网络的能力，功能基本上可以取代某些传统路由器，但是价格却接近二层交换机。一台百兆三层交换机的价格只有几万元，与高端的二层交换机的价格差不多。

（3）内置安全机制

三层交换机可以与普通路由器一样，具有访问列表的功能，可以实现不同 VLAN 间的单向或双向通信。如果在访问列表中进行设置，则可以限制用户访问特定的 IP 地址，这样学校就可以禁止学生访问不健康的站点。

访问列表不仅可以用于禁止内部用户访问某些站点，还可以用于防止校园网、城域教育网外部的非法用户访问校园网、城域教育网内部的网络资源，从而提高网络的安全。

（4）多媒体传输

教育网经常需要传输多媒体信息，这是教育网的一个特色。三层交换机具有 QoS（服务质量）的控制功能，可以给不同的应用程序分配不同的带宽。

例如，在校园网、城域教育网中传输视频流时，就可以专门为视频传输预留一定量的专用带宽，相当于在网络中开辟了专用通道，其他的应用程序不能占用这些预留的带宽，因此能够保证视频流传输的稳定性。普通的二层交换机就没有这种特性，因此在传输视频数据时，就会出现视频忽快忽慢的抖动现象。

另外，视频点播（VOD）也是教育网中经常使用的业务。由于有些视频点播系统使用广播来传输，而广播包是不能实现跨网段的，这样 VOD 就不能实现跨网段进行。如果采用单播形式实现 VOD，虽然可以实现跨网段，但是支持的同时连接数就非常少，一般几十个连接就占用了全部带宽。三层交换机具有多播功能，VOD 的数据包以多播的形式发向各个子网，既实现了跨网段传输，又保证了VOD 的性能。

（5）计费功能

在高校校园网及有些地区的城域教育网中，很可能有计费的需求，因为三层交换机可以识别数据包中的 IP 地址信息，因此可以统计网络中计算机的数据流量，可以按流量计费，也可以统计计算机连接在网络上的时间，按时间进行计费。而普通的二层交换机就难以同时

2. 三层交换机的配置命令

通过 VLAN 间的路由来实现通信,需要在三层交换机上配置 VLANIF 端口,其命令格式如下。

```
interface vlanif  vlan-id
```

在三层交换机上使用 interface vlanif 命令创建 VLANIF 端口,并进入 VLANIF 端口视图,在端口视图下配置 IP 地址。

3.4.2 基于三层交换机的实训项目

1. 项目引入

本实训模拟对网络系进行网络布置的场景。网络系的机房 A316 和教师办公室分别规划使用不同的子网,即 VLAN 10 和 VLAN 20。其中机房 A316 有两台终端 PC1 和 PC2,教师办公室有一台终端 JS。所有终端都通过核心三层交换机 SW 相连。现需要让该公司的 3 台主机都能实现互相访问,网络管理员将通过配置三层交换机来实现。

码 3-8 基于三层交换机的实训项目

2. 拓扑结构

利用三层交换机实现 VLAN 间路由的拓扑如图 3-5 所示。

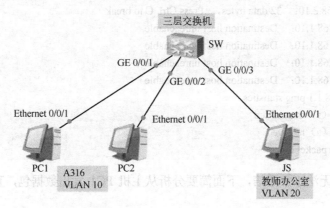

图 3-5 利用三层交换机实现 VLAN 间路由的拓扑

设备端口及对应地址见表 3-4。

表 3-4 设备端口及对应地址

设备	端口	IP 地址	子网掩码	默认网关
SW	VLANIF 10	192.168.1.1	255.255.255.0	N/A
	VLANIF 20	192.168.2.1	255.255.255.0	N/A
PC1	Ethernet 0/0/1	192.168.1.10	255.255.255.0	192.168.1.1
PC2	Ethernet 0/0/1	192.168.1.20	255.255.255.0	192.168.1.1
JS	Ethernet 0/0/1	192.168.2.10	255.255.255.0	192.168.2.1

3. 实训步骤

（1）基本配置

根据端口及对应地址表在设备上进行相应的基本 IP 地址配置，暂时先不对三层交换机 SW 做配置。

配置完成后，测试机房 A316 中的两台终端 PC1 与 PC2 间的连通性，具体操作如下。

```
PC>ping 192.168.1.20
Ping 192.168.1.20：   32 data bytes，   Press Ctrl_C to break
From 192.168.1.20：   bytes=32 seq=1 ttl=128 time=31 ms
From 192.168.1.20：   bytes=32 seq=2 ttl=128 time=47 ms
From 192.168.1.20：   bytes=32 seq=3 ttl=128 time=47 ms
---- 192.168.1.20 ping statistics ----
   3 packet（s）transmitted
   3 packet（s）received
   0.00% packet loss
   round-trip min/avg/max = 31/41/47 ms
```

可以观察到，通信正常。

测试机房 A316 与教师办公室的连通性，具体操作如下。

```
PC>ping 192.168.2.10
Ping 192.168.2.10：   32 data bytes，   Press Ctrl_C to break
From 192.168.1.10：   Destination host unreachable
From 192.168.1.10：   Destination host unreachable
From 192.168.1.10：   Destination host unreachable
From 192.168.1.10：   Destination host unreachable
---- 192.168.1.1 ping statistics ----
   4 packet（s）transmitted
   0 packet（s）received
   100.00% packet loss
```

PC1 与 JS 间无法正常通信，下面简要分析从主机 PC1 发出数据包，直至反馈目的无法到达的整个过程。

主机发出数据包前，将会查看数据包中的目的 IP 地址，如果目的 IP 地址和本机 IP 地址在同一个网段上，则主机会直接发出一个 ARP（Address Resolution Protocol，地址解析协议）数据包来请求获取对方主机的 MAC 地址，收到主机回复后封装数据包，继而发送该数据包。如果目的 IP 地址与本机 IP 地址不在同一个网段，那么主机也会发出一个 ARP 数据包请求获取网关的 MAC 地址，收到网关回复后，继而封装数据包后发送。

所以，A316 中的主机 PC1 在访问 192.168.2.10 这个 IP 地址时发现这个目的 IP 地址与本机 IP 地址不在同一个 IP 地址段上，PC1 便会发出 ARP 数据包请求获取网关 192.168.1.1 的 MAC 地址。但由于交换机没有做任何 IP 配置，因此没有设备应答该请求，导致 A316 中的主机 PC1 无法正常封装数据包，因此无法与教师办公室的 JS 正常通信。

（2）配置三层交换机实现 VLAN 间通信

通过在交换机上设置不同的 VLAN 使得主机实现相互隔离。在三层交换机 SW 上创建

VLAN 10 和 VLAN 20，把 A316 的主机全部划入 VLAN 10 中，将教师办公室的主机划入 VLAN 20 中，具体操作如下。

```
<Huawei>sys
Enter system view,   return user view with Ctrl+Z.
[Huawei]sysname SW
[SW]vlan 10
[SW-vlan10]description A316
[SW-vlan10]vlan 20
[SW-vlan20]description JS
[SW-vlan20]int g0/0/1
[SW-GigabitEthernet0/0/1]port link-type access
[SW-GigabitEthernet0/0/1]port default vlan 10
[SW-GigabitEthernet0/0/1]int g0/0/2
[SW-GigabitEthernet0/0/2]port link-type access
[SW-GigabitEthernet0/0/2]port default vlan 10
[SW-GigabitEthernet0/0/2]int g0/0/3
[SW-GigabitEthernet0/0/3]port link-type access
[SW-GigabitEthernet0/0/3]port default vlan 20
```

现在需要通过 VLAN 间的路由来实现通信，在三层交换机上配置 VLANIF 端口。

在 SW 上使用 interface VLANif 命令创建 VLANIF 端口，指定 VLAN1F 端口所对应的 VLAN ID 为 10，并进入 VLANIF 端口视图，在端口视图下配置 IP 地址为 192.168.1.1/24。再创建对应 VLAN 20 的 VLANIF 端口，地址配置为 192.168.2.1/24，具体操作如下。

```
[SW]int vlanif 10
[SW-Vlanif10]ip add 192.168.1.1 24
[SW-Vlanif10]int vlanif 20
[SW-Vlanif20]ip add 192.168.2.1 24
配置完成后，使用 display ip interface brief 命令查看端口状态。
[SW]display ip interface brief
*down:    administratively down
^down:    standby
(l):    loopback
(s):    spoofing
The number of interface that is UP in Physical is 3
The number of interface that is DOWN in Physical is 2
The number of interface that is UP in Protocol is 3
The number of interface that is DOWN in Protocol is 2
Interface              IP Address/Mask       Physical    Protocol
MEth0/0/1              unassigned            down        down
NULL0                  unassigned            up          up(s)
Vlanif1                unassigned            down        down
Vlanif10               192.168.1.1/24        up          up
Vlanif20               192.168.2.1/24        up          up
```

可以观察到，两个 VLANIF 端口已经生效。再次测试 PC1 与 JS 间的连通性。

```
PC>ping 192.168.2.10
Ping 192.168.2.10:    32 data bytes,    Press Ctrl_C to break
From 192.168.2.10:    bytes=32 seq=1 ttl=127 time=47 ms
From 192.168.2.10:    bytes=32 seq=2 ttl=127 time=46 ms
From 192.168.2.10:    bytes=32 seq=3 ttl=127 time=47 ms
From 192.168.2.10:    bytes=32 seq=4 ttl=127 time=31 ms
---- 192.168.2.10 ping statistics ----
    4 packet（s）transmitted
    4 packet（s）received
    0.00% packet loss
    round-trip min/avg/max = 31/42/47 ms
```

此时通信正常，实现了机房 A316 终端与教师办公室终端间的通信。PC2 上的测试与 PC1 上的测试类似，故省略。在 PC1 上查看 ARP 信息，具体操作如下。

```
PC>arp -a
Internet Address      Physical Address        Type
192.168.1.1           4C-1F-CC-63-5C-03      dynamic
```

可以观察到，目前 PC 上 ARP 解析到的地址只有交换机的 VLANIF 10 的地址，而没有对端的地址，PC1 先将数据包发送至网关，即对应的 VLANIF 10 端口，再由网关转发至对端。

3.5 生成树协议

码 3-9 生成树协议 STP

在网络中，为了保证数据的可靠传输，往往采用提供冗余链路的方式。由于交换机有对广播帧进行广播处理的特性，多条冗余链路发出无用的广播帧，此时就容易产生广播风暴，占用大量带宽，严重影响网络的性能。为了避免广播风暴的产生，提高网络的性能，节省带宽，可以使用生成树协议（STP）。生成树协议能使网络既提供冗余链路又不会产生广播风暴，节省了一定的带宽，提高了网络性能。

3.5.1 STP 简介

1．STP 产生的背景

STP 的基本原理是，通过在交换机之间传递一种特殊的协议报文——网桥协议数据单元（Bridge Protocol Data Unit，BPDU），来确定网络的拓扑结构。BPDU 有两种：配置 BPDU（Configuration BPDU）和拓扑更改通知（TCN，Topology Change Notification）BPDU。前者是用于计算无环的生成树的，后者则是用于在二层网络拓扑发生变化时产生用来缩短 MAC 表项的刷新时间的。该协议的原理是按照树的结构来构造网络拓扑，消除网络中的环路，避免由于环路的存在而造成广播风暴问题。

STP 是由 IEEE 指定的，用于在局域网中消除数据链路层物理环路的协议，其标准名称为 82.1D。运行该协议的设备通过彼此交互信息发现网络中的环路，并有选择地对某些端口进行阻塞，最终将环路网络结构修剪成无环路的树形网络结构，从而防止报文在环路网络中不断增生和无限循环，避免设备由于重复接收相同的报文造成的报文处理能力下降的问题发生。

STP 的基本思想是按照"树"的结构构造网络的拓扑结构，树的根是一个称为根桥的桥设备。根桥是由交换机或网桥的 BID（Bridge ID）确定的。BID 最小的设备称为二层网络中的根桥。BID 又是由网桥优先级和 MAC 地址构成的，不同厂商的设备的网桥优先级的字节个数可能不同。由根桥开始，逐级形成一棵树，根桥定时发送配置 BPDU，非根桥接收配置 BPDU，刷新最佳 BPDU 并转发。这里的最佳 BPDU 是指当前根桥所发送的 BPDU。如果接收到了下级 BPDU（新接入的设备会发送 BPDU，但该设备的 BID 比当前根桥大），接收到该下级 BPDU 的设备将会向新接入的设备发送自己存储的最佳 BPDU，以告知其当前网络中的根桥；如果接收到的 BPDU 更优，将会重新计算生成树拓扑。当非根桥从上一次接收到最佳 BPDU 最长寿命（Max Age，默认为 20s）后还没有接收到最佳 BPDU 最长寿命时，该端口将进入监听状态，该设备将产生 TCN BPDU，并从根端口转发出去，从指定端口接收到 TCN BPDU 的上级设备将发送确认，然后向上级设备发送 TCN BPDU。此过程持续到根桥为止，然后根桥在其后发送的配置 BPDU 中将携带标记，表明拓扑已发生变化，网络中的所有设备接收到后将 CAM 表项的刷新时间从 300s 缩短为 15s。整个收敛的时间为 50s 左右。

2．端口状态

在 802.1D 协议中，端口共有以下 5 种状态。

（1）Blocking（阻塞状态）

二层端口为非指定端口，也不会参与数据帧的转发。该端口通过接收 BPDU 来判断根交换机的位置和根 ID，以及在 STP 拓扑收敛结束之后，各交换机端口应该处于什么状态。在默认情况下，端口会在这种状态下停留 20s。

（2）Listening（监听状态）

生成树此时已经根据交换机所接收到的 BPDU 判断出了这个端口应该参与数据帧的转发。于是交换机端口将不再满足于接收 BPDU，而同时也开始发送自己的 BPDU，并以此通知邻接的交换机该端口会在活动拓扑中参与转发数据帧的工作。在默认情况下，该端口会在这种状态下停留 15s。

（3）Learning（学习状态）

这个二层端口准备参与数据帧的转发，并开始填写 MAC 表。在默认情况下，端口会在这种状态下停留 15s。

（4）Forwarding（转发状态）

这个二层端口已经成为活动拓扑的一个组成部分，它会转发数据帧，并同时收发 BPDU。

（5）Disabled（禁用状态）

这个二层端口不会参与生成树，也不会转发数据帧。

3．工作原理

STP 使用 BPDU 传递网络信息并计算出一根无环的树状网络结构，并阻塞特定端口。在网络出现故障时，STP 能快速发现链路故障，并尽快找出另外一条路径进行数据传输。

交换机上运行的 STP 通过 BPDU 信息的交互选择根交换机，然后每台非根交换机选择用来与根交换机通信的根端口，之后每个网段选择用来转发数据至根交换机的指定端口，最后剩余端口被阻塞。

在 STP 工作过程中，根交换机的选择、根端口的选择、指定端口的选择都非常重要。

网络管理员可以通过命令来调整 STP 的参数，用于优化网络，如交换机优先级、端口优先级、端口代价值等。

4．STP 的配置命令

（1）进入 STP 模式

在系统视图下，进入 STP 视图模式，其命令格式如下。

```
stp enable
```

（2）配置交换机的生成树协议模式

在交换机上配置交换机的生成树协议模式，其命令格式如下。

```
stp mode { mstp | stp | rstp }
```

其中，华为交换机默认启用 MSTP。

STP 模式不能快速迁移，即使是在点对点链路或边缘端口，也必须等待两倍的 forward delay 的时间延迟，网络才能收敛。

RSTP 模式可以快速收敛，但局域网内的所有网桥共享一棵生成树，不能按 VLAN 阻塞冗余链路。

MSTP 模式可以弥补 RSTP 模式的缺陷，它允许不同 VLAN 的流量沿各自的路径分发，从而为冗余链路提供了更好的负载分担机制。

（3）设置 STP 优先级

设置 STP 优先级，其命令格式如下。

```
stp priority priority
```

priority 表示交换机优先级的值，值越小越优先。交换机默认的优先级为 32768，交换机的优先级都为 4096 的倍数。

删除优先级的命令格式如下。

```
undo stp priority
```

设置主根交换机的命令格式如下。

```
stp root primary
```

配置备份根交换机的命令格式如下。

```
stp root secondary
```

（4）设置开销值

在系统视图下设置开销值，其命令格式如下。

```
stp cost cost-value
```

（5）查看 STP 状态信息

在系统视图下查看 STP 状态信息，其命令格式如下。

```
display stp
```

在系统视图下查看 STP 状态的简要信息，其命令格式如下。

```
display stp brief
```

在系统视图下查看 STP 端口状态信息，其命令格式如下。

```
display stp interface
```

3.5.2 基于 STP 的实训项目

1. 项目引入

码 3-10 基于 STP 的实训项目

网络系购置了 4 台交换机来组建网络。考虑到网络的可靠性，将 4 台交换机按图 3-6 所示进行拓扑搭建。由于默认情况下，交换机之间运行 STP 后，根交换机、根端口、指定端口的选择将基于交换机的 MAC 地址的大小，因此带来了不确定性，极可能由此产生隐患。

进行网络规划，需要 SW1 作为主根交换机，SW2 作为 SW1 的备份根交换机。同时对于 SW4 交换机，Ethernet 0/0/1 端口应该作为根端口。对于 SW2 和 SW3 之间的链路，应该保证 SW2 的 Ethernet 0/0/3 端口作为指定端口。

2. 拓扑结构

利用 STP 实现 VLAN 间路由的拓扑如图 3-6 所示。

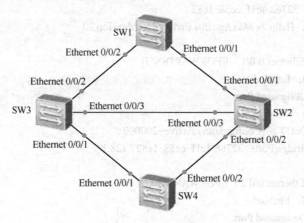

图 3-6 利用 STP 实现 VLAN 路由的拓扑

设备及对应地址见表 3-5。

表 3-5 设备及对应地址

设 备	全局 MAC 地址
SW1	4c1f-cc58-1e82
SW2	4c1f-ccf5-3d47
SW3	4c1f-cc8e-7307
SW4	4c1f-ccf2-5342

3．实训步骤

（1）基本配置

根据图 3-6 所示，在交换机上启用 STP（华为交换机默认启用 MSTP），将交换机的 STP 模式更改为普通生成树 STP，具体操作如下。

```
[Huawei]sysname SW1
[SW1]stp enable
[SW1]stp mode stp
[Huawei]sysname SW2
[SW2]stp enable
[SW2]stp mode stp
[Huawei]sysname SW3
[SW3]stp enable
[SW3]stp mode stp
[Huawei]sysname SW4
[SW4]stp enable
[SW4]stp mode stp
```

配置完成后，默认情况下需要等待 30s 生成树重新计算的时间（加上 15s Learning 状态时间），再使用 display stp 命令查看 SW1 的生成树状态，具体操作如下。

```
[SW1]dis play stp
--------[CIST Global Info][Mode STP]--------
CIST Bridge：32768.4c1f-cc58-1e82
Config Times：Hello 2s MaxAge 20s FwDly 15s MaxHop 20
...
----[Port1（Ethernet 0/0/1）][FORWARDING]----
 Port Protocol：Enabled
 Port Role：Designated Port
 Port Priority：128
 Port Cost（Dot1T）：Config=auto / Active=200000
 Designated Bridge/Port：32768.4c1f-cc58-1e82 / 128.1
 ...
----[Port2（Ethernet 0/0/2）][FORWARDING]----
 Port Protocol：Enabled
 Port Role：Designated Port
 Port Priority：128
 Port Cost（Dot1T）：Config=auto / Active=200000
 Designated Bridge/Port：32768.4c1f-cc58-1e82 / 128.2
 ...
```

可以观察到 SW1 的 Ethernet 0/0/1 端口为转发状态、端口角色为根端口；Ethernet 0/0/2 端口为丢弃状态，端口角色为 Alternate，即替代端口。

还可以使用 display stp brief 命令在 SW2、SW3、SW4 上仅查看摘要信息，具体操作如下。

```
<SW2>display stp brief
 MSTID  Port                      Role  STP State      Protection
```

0	Ethernet 0/0/1	ROOT	FORWARDING	NONE
0	Ethernet 0/0/2	DESI	FORWARDING	NONE
0	Ethernet 0/0/3	ALTE	DISCARDING	NONE

在交换机 SW2 上，Ethernet 0/0/2 的端口为转发状态，Ethernet 0/0/1 为根端口，Ethernet 0/0/3 端口为 Alternate 端口且状态为丢弃状态，该端口将不会转发数据流量，具体操作如下。

```
<SW3>display stp brief
  MSTID  Port                Role  STP State    Protection
    0    Ethernet 0/0/1      DESI  FORWARDING   NONE
    0    Ethernet 0/0/2      ROOT  FORWARDING   NONE
    0    Ethernet 0/0/3      DESI  FORWARDING   NONE
```

在交换机 SW3 上，所有的端口为转发状态。Ethernet 0/0/1、Ethernet 0/0/3、Ethernet 0/0/10、Ethernet 0/0/11 端口为指定端口，Ethernet 0/0/2 为根端口，具体操作如下。

```
<SW4>display stp brief
  MSTID  Port                Role  STP State    Protection
    0    Ethernet 0/0/1      ROOT  FORWARDING   NONE
    0    Ethernet 0/0/2      ALTE  DISCARDING   NONE
```

在交换机 SW4 上，Ethernet 0/0/1 为根端口，Ethernet 0/0/2 端口为 Alternate 端口且状态为丢弃状态，该端口将不会转发数据流量。

可以初步判断，4 台交换机中 SW1 为根交换机，因为该交换机所有端口都为指定端口。通过 display stp 命令查看生成树详细信息，具体操作如下。

```
<SW1>display stp
-------[CIST Global Info][Mode STP]-------
CIST Bridge：     32768.4c1f-cc58-1e82
Config Times：    Hello 2s MaxAge 20s FwDly 15s MaxHop 20
Active Times：    Hello 2s MaxAge 20s FwDly 15s MaxHop 20
CIST Root/ERPC：  32768.4c1f-cc58-1e82 / 0
CIST RegRoot/IRPC：32768.4c1f-cc58-1e82 / 0
CIST RootPortId： 0.0
BPDU-Protection： Disabled
TC or TCN received： 13
TC count per hello： 0
STP Converge Mode：Normal
Time since last TC： 0 days 0h： 25m： 5s
Number of TC： 13
Last TC occurred： Ethernet 0/0/2
----[Port1（Ethernet 0/0/1）][FORWARDING]----
 Port Protocol： Enabled
 Port Role： Designated Port
 Port Priority： 128
 Port Cost（Dot1T）：Config=auto / Active=200000
 Designated Bridge/Port： 32768.4c1f-cc58-1e82 / 128.1
 Port Edged： Config=default / Active=disabled
```

71

可以观察到 CIST Root 和 CIST Bridge 相同，即目前根交换机 ID 与自身的交换机 ID 相同，说明目前 SW1 为根交换机。

生成树运算的第一步就是通过比较每台交换机的 ID 选择根交换机。交换机 ID 由交换机优先级和 MAC 地址组成，首先比较交换机优先级，数值最低的为根交换机。如果优先级一样，则比较 MAC 地址，同样数值，最低的选择为根交换机。

目前在该网络拓扑中，4 台交换机的生成树都刚刚开始运行，交换机优先级都为默认值，即都相同，故根据每台交换机的 MAC 地址来选择，通过比较，最终确定 SW1 为根交换机。

（2）配置网络中的根交换机

根交换机在网络中的位置是非常重要的，如果选择了一台性能较差的交换机，或者是部署在接入层的交换机作为根交换机，会影响到整个网络的通信质量及数据传输。根交换机的选择依据是根交换机 ID，值越小越优先，交换机默认的优先级为 32768，一般交换机的优先级都为 4096 的倍数。

现在将 SW4 配置为主根交换机，将 SW2 配置为备份根交换机，将 SW4 的优先级改为 0，将 SW2 的优先级改为 4096，具体操作如下。

```
[SW4]stp priority 0
[SW2]stp priority 4096
```

配置完成后查看 SW4 和 SW2 的 STP 状态信息，具体操作如下。

```
[SW4]dis stp
-------[CIST Global Info][Mode STP]-------
CIST Bridge： 0.4c1f-ccf2-5342
Config Times： Hello 2s MaxAge 20s FwDly 15s MaxHop 20
Active Times： Hello 2s MaxAge 20s FwDly 15s MaxHop 20
CIST Root/ERPC： 0.4c1f-ccf2-5342 / 0
CIST RegRoot/IRPC： 0.4c1f-ccf2-5342 / 0
CIST RootPortId： 0.0
BPDU-Protection： Disabled
TC or TCN received： 212
TC count per hello： 0
STP Converge Mode： Normal
Time since last TC： 0 days 0h： 1m： 16s
Number of TC： 14
Last TC occurred： Ethernet 0/0/2
 ----[Port1（Ethernet 0/0/1）][LEARNING]----
 Port Protocol： Enabled
 Port Role： Designated Port
 Port Priority： 128
 Port Cost（Dot1T）： Config=auto / Active=200000
 Designated Bridge/Port： 0.4c1f-ccf2-5342 / 128.1
<SW2>dis stp
-------[CIST Global Info][Mode STP]-------
CIST Bridge： 4096 .4c1f-ccf5-3d47
```

```
Config Times: Hello 2s MaxAge 20s FwDly 15s MaxHop 20
Active Times: Hello 2s MaxAge 20s FwDly 15s MaxHop 20
CIST Root/ERPC: 0.4c1f-ccf2-5342 / 200000
CIST RegRoot/IRPC: 4096 .4c1f-ccf5-3d47 / 0
CIST RootPortId: 128.2
BPDU-Protection: Disabled
TC or TCN received: 172
TC count per hello: 0
STP Converge Mode: Normal
Time since last TC: 0 days 0h: 0m: 57s
Number of TC: 17
Last TC occurred: Ethernet 0/0/2
 ----[Port1（Ethernet0/0/1）][FORWARDING]----
 Port Protocol: Enabled
 Port Role: Designated Port
 Port Priority: 128
 Port Cost（Dot1T）: Config=auto / Active=200000
 Designated Bridge/Port: 4096.4c1f-ccf5-3d47 / 128.1
```

通过观察发现 SW4 的优先级变为了 0，成为根交换机；而 SW2 的优先级变为了 4096，成为备份根交换机。

这里还可以使用另外一种方式配置主根交换机和备份根交换机。

首先使用 undo stp priority 删除在 SW4 上所配置的优先级，使用 stp root primary 命令配置主根交换机，具体操作如下。

```
[SW4]undo stp priority
[SW4]stp root primary
```

首先使用 undo stp priority 删除在 SW2 上所配置的优先级，使用 stp root secondary 命令配置备份根交换机，具体操作如下。

```
[SW2]undo stp priority
[SW2]stp root secondary
```

配置完成后查看 STP 的状态信息，与前一种方法得到的一致，此时 SW4 自动更改优先级为 0，而 SW2 更改为 4096。

（3）根端口的选择

生成树在选择出根交换机之后，将在每台非根交换机上选择根端口。选择时首先比较该交换机上每个端口到达根交换机的根路径开销值，路径开销值最小的端口将成为根端口。如果根路径开销值相同，则比较每个端口所在链路上的上行交换机 ID。如果该交换机 ID 也相同，则比较每个端口所在链路上的上行端口 ID。每台交换机上只能拥有一个根端口。

目前 SW4 为主根交换机，而 SW2 为备份根交换机，查看 SW1 上的生成树信息，具体操作如下。

```
<SW1>display stp brief
```

```
    MSTID  Port                           Role  STP State        Protection
    0      Ethernet 0/0/1                 ROOT  FORWARDING       NONE
    0      Ethernet 0/0/2                 ALTE  DISCARDING       NONE
```

可以观察到，现在 SW1 的 Etehernet 0/0/1 为根端口，状态为转发状态。SW1 在选择根端口时，首先比较根路径开销值，由于拓扑中的所有链路都是相同的百兆以太网链路，SW1 经过 SW3 到 SW4 与经过 SW2 到 SW4 的开销值相同，接下来比较 SW1 的两台上行链路的交换机 SW2 和 SW3 的 交换机标识，SW2 目前的交换机优先级为 4096，而 SW3 为默认的 32768，所以与 SW2 连接的 Ethernet 0/0/1 接口被选为根端口。

使用 display stp interface 查看 SW1 Ethernet 0/0/1 端口的开销值，具体操作如下。

```
<SW1>display stp interface
----[Port1（Ethernet 0/0/1）][FORWARDING]----
 Port Protocol: Enabled
 Port Role: Root Port
 Port Priority: 128
 Port Cost（Dot1T）: Config=auto / Active=1
 Designated Bridge/Port: 4096.4c1f-ccf5-3d47 / 128.1
```

可以观察到，端口路径开销采用的是 Dot 1T 的计算方法。Config 是指手工配置的路径开销，Active 是实际使用的路径开销，开销值为 1。

配置 SW1 Ethernet 0/0/1 端口的代价值为 2000，即增加该端口默认的代价值，具体操作如下。

```
[SW1]interface Ethernet 0/0/1
[SW1-Ethernet0/0/1]stp cost 2000
```

配置完成后，再次查看 SW1 Ethernet 0/0/1 端口的开销值及 STP 状态，具体操作如下。

```
<SW1>display stp interface
----[Port1（Ethernet0/0/1）][DISCARDING]----
 Port Protocol: Enabled
 Port Role: Alternate Port
 Port Priority: 128
 Port Cost（Dot1T）: Config=2000 / Active=2000
 Designated Bridge/Port: 4096.4c1f-ccf5-3d47 / 128.1
[SW1]dis stp brief
    MSTID  Port                           Role  STP State        Protection
    0      Ethernet 0/0/1                 ALTE  DISCARDING       NONE
    0      Ethernet 0/0/2                 ROOT  FORWARDING       NONE
```

发现此时 Ethernet 0/0/2 端口变成了根端口，而 Ethernet 0/0/1 变成了 Alternate 端口。这是由于将 Ethernet 0/0/1 接口的开销修改为 2000 之后，在选择根端口时，其到根路径的开销值大于 Ethernet 0/0/2 的根路径开销值。

（4）指定端口的选择

生成树协议在每台非根交换机选择出根端口之后，将在每个网段上选择指定端口，选择的比较规则和选择根端口类似。

现在网络管理员需要确保 SW2 连接 SW3 的 Ethernet 0/0/3 接口被选择为指定端口,可以通过修改端口开销值来实现。

为了模拟该场景,将 SW2 的优先级恢复为默认的 327680,具体操作如下。

```
[SW2]undo stp priority
```

配置完成后,查看 SW2 的 STP 信息,具体操作如下。

```
[SW2]display stp
-------[CIST Global Info][Mode STP]-------
CIST Bridge:   4096 .4c1f-ccf5-3d47
Config Times:  Hello 2s MaxAge 20s FwDly 15s MaxHop 20
Active Times:  Hello 2s MaxAge 20s FwDly 15s MaxHop 20
CIST Root/ERPC: 0.4c1f-ccf2-5342 / 200000
CIST RegRoot/IRPC: 4096 .4c1f-ccf5-3d47 / 0
CIST RootPortId:  128.2
BPDU-Protection:  Disabled
CIST Root Type:   Secondary root
```

查看 SW2 与 SW3 的 STP 状态摘要信息,具体操作如下。

```
[SW2]display stp brief
 MSTID  Port              Role  STP State    Protection
   0    Ethernet 0/0/1    DESI  FORWARDING   NONE
   0    Ethernet 0/0/2    ROOT  FORWARDING   NONE
   0    Ethernet 0/0/3    DESI  FORWARDING   NONE
[SW3]display stp brief
 MSTID  Port              Role  STP State    Protection
   0    Ethernet 0/0/1    ROOT  FORWARDING   NONE
   0    Ethernet 0/0/2    DESI  FORWARDING   NONE
   0    Ethernet 0/0/3    ALTE  DISCARDING   NONE
```

通过观察发现,在 SW2 与 SW3 间的链路上,选择了 SW2 的 Ethernet 0/0/3 端口为指定端口,而 SW3 的 Ethernet 0/0/3 端口为 Alternate 端口。这是由于在选择指定端口时,首先比较两个端口的根路径开销值,目前都相同,接着比较上行交换机的 ID,此时 SW2 和 SW3 的交换机优先级相同,故比较 MAC 地址,最后通过比较 MAC 地址得出。

查看 SW2 和 SW3 的 Ethernet 0/0/3 端口信息,具体操作如下。

```
[SW2]display interface Ethernet 0/0/3
Ethernet 0/0/3 current state :  UP
Line protocol current state :  UP
Description:
Switch Port,PVID: 1,TPID: 8100(Hex),The Maximum Frame Length is 9216
IP Sending Frames' Format is PKTFMT_ETHNT_2,  Hardware address is 4c1f-ccf5-3d47
Last physical up time:  2016-11-24 10: 24: 54 UTC-08: 00
```

Last physical down time：2016-11-24 10：24：53 UTC-08：00
Current system time：2016-11-24 12：43：21-08：00
Hardware address is 4c1f-ccf5-3d47
　　Last 300 seconds input rate 0 bytes/sec, 0 packets/sec
…
[SW3]display interface Ethernet 0/0/3
Ethernet 0/0/3 current state : UP
Line protocol current state : UP
Description：
Switch Port, PVID： 1, TPID： 8100（Hex）, The Maximum Frame Length is 9216
IP Sending Frames' Format is PKTFMT_ETHNT_2, Hardware address is 4c1f-cc8e-7307
Last physical up time：2016-11-24 10：24：54 UTC-08：00
Last physical down time：2016-11-24 10：24：52 UTC-08：00
Current system time：2016-11-24 12：44：06-08：00
Hardware address is 4c1f-cc8e-7307
　　Last 300 seconds input rate 0 bytes/sec, 0 packets/sec

可以观察到，SW3 上 Ethernet 0/0/3 接口 MAC 地址大于 SW2 上 Ethernet 0/0/3 接口的 MAC 地址，所以该网段上 SW2 的 Ethernet 0/0/3 接口成为指定接口。

修改 SW2 的 Ethernet 0/0/2 接口的开销值，将该值增大（默认为 1），即增大该端口上的根路径开销，确保让 SW3 的 Ethernet 0/0/3 接口成为指定端口，具体操作如下。

[SW2-Ethernet0/0/2]stp cost 1000000

配置完成后查看 SW3 的 STP 摘要信息，具体操作如下。

[SW3]dis stp br
　MSTID　Port　　　　　　　　　Role　STP State　　Protection
　　0　　Ethernet 0/0/1　　　　ROOT　FORWARDING　　NONE
　　0　　Ethernet 0/0/2　　　　DESI　FORWARDING　　NONE
　　0　　Ethernet 0/0/3　　　　DESI　FORWARDING　　NONE

根据 STP 计算规则选择指定端口时，最终选择 SW3 的 Ethernet 0/0/3 接口作为指定端口。

为了验证现在能够确保 SW3 的 Ethernet 0/0/3 接口成为指定端口，下面将 SW2 的优先级调整为 4096，并查看摘要信息，具体操作如下。

[SW2]stp priority 4096

再次查看 SW2 和 SW3 的 STP 状态，具体操作如下。

[SW2]display stp brief
　MSTID　Port　　　　　　　　　Role　STP State　　Protection
　　0　　Ethernet 0/0/1　　　　DESI　FORWARDING　　NONE
　　0　　Ethernet 0/0/2　　　　ROOT　FORWARDING　　NONE
　　0　　Ethernet 0/0/3　　　　ALTE　DISCARDING　　NONE
[SW3]display stp brief

MSTID	Port	Role	STP State	Protection
0	Ethernet 0/0/1	ROOT	FORWARDING	NONE
0	Ethernet 0/0/2	DESI	FORWARDING	NONE
0	Ethernet 0/0/3	DESI	FORWARDING	NONE

可以观察到，即使将 SW3 的优先级修改得比 SW2 的优先级值更低，但是 SW3 的接口 Ethernet 0/0/3 仍然为指定端口，而 SW2 的 Ethernet 0/0/3 接口还是 Alternate 端口，再次验证了在选择指定端口时首先比较根路径开销的规则。

3.6 快速生成树协议

码 3-11 快速生成树协议 RSTP

3.6.1 RSTP 简介

IEEE 于 2001 年发布的 802.1w 标准，定义了快速生成树协议（Rapid Spanning-Tree Protocol，RSTP）。RSTP 是 STP 的优化版，对原有的 STP 进行了更加细致的修改和补充，并最终合并入了 802.1D-2004。RSTP 是在 STP 算法的基础上发展而来的，承袭了它的基本思想，也是通过配置消息来传递生成树信息，并进行生成树计算的。

STP 虽然能够解决环路问题，但是也存在一些不足，如 STP 没有细致区分端口状态和端口角色。STP 端口状态共有 5 种，即 Discarding（禁止）、Blocking（阻塞）、Listening（监听）、Learning（学习）和 Forwarding（转发），收敛较慢。对于用户来说，Listening、Learning 和 Blocking 状态并没有区别，都不转发流量。根据 STP 的不足，RSTP 做出了改进。

RSTP 能够完成生成树的所有功能，不同之处在于，在某些情况下，当一个端口被选为根端口或指定端口后，RSTP 减小了端口从阻塞到转发的时延，尽可能快地恢复网络联通性，提供更好的用户服务。

RSTP 新增加了两种端口角色，其端口角色共有 4 种：根端口、指定端口、Alternate 端口和 Backup 端口。根端口和指定端口的作用与 STP 中的相同，Alternate 端口和 Backup 端口的描述如下。

Alternate 端口就是由于学习（Learning）到其他网桥发送的配置 BPDU 报文而阻塞的端口。Alternate 端口提供了从指定桥到根的另一条可切换路径，作为根端口的备份端口。

Backup 端口就是由于学习到自身发送的配置 BPDU 报文而阻塞的端口。Backup 端口作为指定端口的备份，提供了另一条从根桥到相应网段的备份通路。

RSTP 把原来的 5 种状态缩减为 3 种。根据端口是否转发用户流量和学习 MAC 地址来划分：如果不转发用户流量，也不学习 MAC 地址，那么端口状态就是 Discarding 状态；如果不转发用户流量，但是学习 MAC 地址，那么端口状态就是 Learning 状态；如果既转发用户流量，又学习 MAC 地址，那么端口状态就是 Forwarding 状态。

RSTP 的快速收敛机制可分为以下 3 种。

1）Proposal/Agreement 机制：当一个端口被选择成为指定端口之后，在 STP 中，该端口至少要等待一个 Forward Delay（Learning）时间才会迁移到 Forwarding 状态。在 RSTP 中，此端口会先进入 Discarding 状态，再通过 Proposal/Agreement 机制（可简称为 P/A 机制）快速进入 Forwarding 状态。这种机制必须在点到点全双工链路上使用。

2）根端口快速切换机制：如果网络中的一个根端口失效，那么网络中最优的 Alternate 端口将成为根端口，进入 Forwarding 状态。因为通过这个 Alternate 端口连接的网段上必然有个指定端口可以通往根桥。

3）边缘端口的引入：在 RSTP 里面，如果某一个指定端口位于整个网络的边缘，即不再与其他交换设备连接，而是直接与终端设备直连，这种端口叫作边缘端口。边缘端口不接收处理配置 BPDU，不参与 RSTP 运算，可以由 Disable 直接转到 Forwarding 状态，且不经历时延，就像在端口上将 STP 禁用。一旦边缘端口收到配置 BPDU，就丧失了边缘端口属性，成为普通 STP 端口，并重新进行生成树计算。

STP 和 RSTP 端口状态比较如下。

RSTP 有 5 种端口类型。根端口和指定端口这两个角色在 RSTP 中被保留，阻断端口分成备份和替换端口角色。生成树算法（STA）使用 BPDU 来决定端口的角色，端口类型也是通过比较端口中保存的 BPDU 来确定哪个比其他的更优先。STP 和 RSTP 的比较见表 3-6。

表 3-6 STP 和 RSTP 的比较

STP Port State	RSTP Port state	端口是否为活跃状态	端口是否学习 MAC 地址
禁止	禁止	No	No
阻塞	禁止	No	No
监听	禁止	Yes	No
学习	学习	Yes	Yes
转发	转发	Yes	Yes

3.6.2 基于 RSTP 的实训项目

1. 项目引入

SW3 和 SW4 是接入层交换机，负责用户的接入；SW1 和 SW2 是汇聚层交换机。这 4 台交换机组成一个环形网络。为了防止网络中出现环路，产生网络风暴，所有交换机上都需要运行生成树协议。同时为了加快网络收敛速度，网络管理员选择使用 RSTP，且使得性能较好的 SW1 为根交换机、SW2 为次根交换机，并配置边缘端口，进一步优化网络。

码 3-12 基于 RSTP 的实训项目

2. 拓扑结构

利用 RSTP 实现 VLAN 间路由的拓扑如图 3-7 所示。

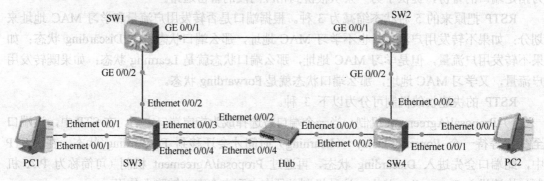

图 3-7 利用 RSTP 实现 VLAN 间路由的拓扑

设备端口及对应地址见表 3-7。设备及对应 MAC 地址见表 3-8。

表 3-7 设备端口及对应地址

设备	接　　口	IP 地址	子网掩码	默认网关
PC1	Ethernet 0/0/1	192.168.1.10	255.255.255.0	N/A
PC2	Ethernet 0/0/1	192.168.1.20	255.255.255.0	N/A

表 3-8 设备及对应 MAC 地址

设　　备	全局 MAC 地址
SW1	4c1f-ccfe-5b1f
SW2	4c1f-cc97-10df
SW3	4c1f-cca3-6ef7
SW4	4c1f-cc62-3b5a

3．实训步骤

（1）基本配置

根据实训编址表进行相应的基本 IP 地址配置，并使用 Ping 命令检测各直连链路的联通性。PC1 的配置如图 3-8 所示。PC2 的配置方法相同，故省略。

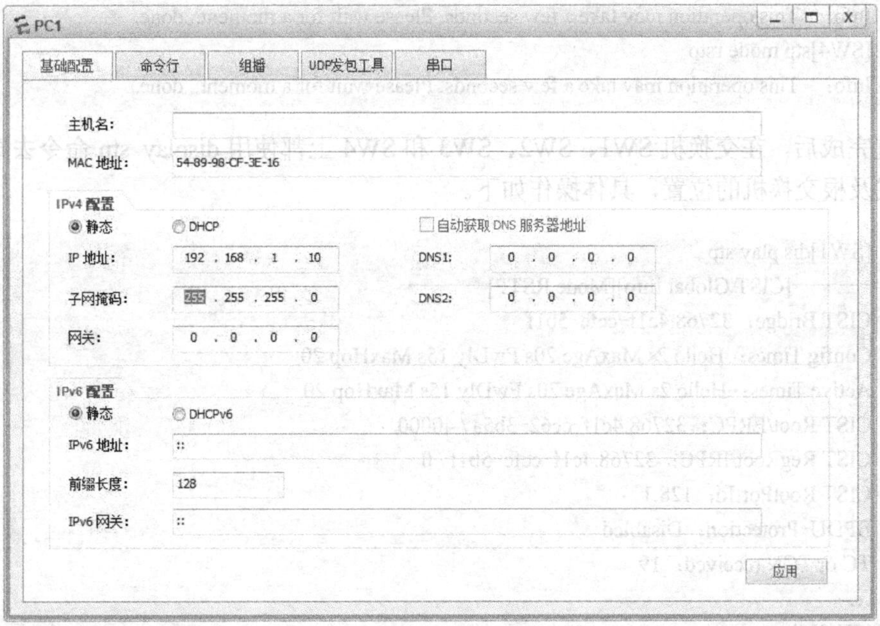

图 3-8 PC1 配置

配置完成后，测试主机间的连通性，具体操作如下。

```
PC>ping 192.168.1.20
Ping 192.168.1.20：   32 data bytes，  Press Ctrl_C to break
From 192.168.1.20：   bytes=32 seq=1 ttl=128 time=46 ms
From 192.168.1.20：   bytes=32 seq=2 ttl=128 time=47 ms
```

```
From 192.168.1.20:    bytes=32 seq=3 ttl=128 time=78 ms
From 192.168.1.20:    bytes=32 seq=4 ttl=128 time=47 ms
From 192.168.1.20:    bytes=32 seq=5 ttl=128 time=62 ms
--- 192.168.1.20 ping statistics ---
  5 packet（s）transmitted
  5 packet（s）received
  0.00% packet loss
  round-trip min/avg/max = 46/56/78 ms
```

观察到，连通性测试成功。

（2）配置 RSTP 基本功能

在汇聚层交换机 SW1、SW2 及接入层交换机 SW3、SW4 上，把生成树模式由默认的 MSTP 改为 RSTP，具体操作如下。由于华为交换机上默认开启了 MSTP，因此只需要修改生成树模式即可。

```
[SW1]stp mode rstp
Info:  This operation may take a few seconds. Please wait for a moment...done.
[SW2]stp mode rstp
Info:  This operation may take a few seconds. Please wait for a moment...done.
[SW3]stp mode rstp
Info:  This operation may take a few seconds. Please wait for a moment...done.
[SW4]stp mode rstp
Info:  This operation may take a few seconds. Please wait for a moment...done.
```

配置完成后，在交换机 SW1、SW2、SW3 和 SW4 上都使用 display stp 命令去查看生成树的模式及根交换机的位置，具体操作如下。

```
[SW1]dis play stp
-------[CIST Global Info][Mode RSTP]-------
CIST Bridge:   32768.4c1f-ccfe-5b1f
Config Times:  Hello 2s MaxAge 20s FwDly 15s MaxHop 20
Active Times:  Hello 2s MaxAge 20s FwDly 15s MaxHop 20
CIST Root/ERPC:    32768.4c1f-cc62-3b5a / 40000
CIST RegRoot/IRPC: 32768.4c1f-ccfe-5b1f / 0
CIST RootPortId:   128.1
BPDU-Protection:   Disabled
TC or TCN received:  19
…
[SW2]dis play stp
-------[CIST Global Info][Mode RSTP]-------
CIST Bridge:   32768.4c1f-cc97-10df
Config Times:  Hello 2s MaxAge 20s FwDly 15s MaxHop 20
Active Times:  Hello 2s MaxAge 20s FwDly 15s MaxHop 20
CIST Root/ERPC:    32768.4c1f-cc62-3b5a / 20000
CIST RegRoot/IRPC: 32768.4c1f-cc97-10df / 0
CIST RootPortId:   128.2
```

```
[SW3]dis play stp
--------[CIST Global Info][Mode RSTP]--------
 CIST Bridge：32768.4c1f-cca3-6ef7
 Config Times：Hello 2s MaxAge 20s FwDly 15s MaxHop 20
 Active Times：Hello 2s MaxAge 20s FwDly 15s MaxHop 20
 CIST Root/ERPC：32768.4c1f-cc62-3b5a / 200000
 CIST RegRoot/IRPC：32768.4c1f-cca3-6ef7 / 0
 CIST RootPortId：128.3
 BPDU-Protection：Disabled
 TC or TCN received：69
...
[SW4]dis play stp
--------[CIST Global Info][Mode RSTP]--------
 CIST Bridge：32768.4c1f-cc62-3b5a
 Config Times：Hello 2s MaxAge 20s FwDly 15s MaxHop 20
 Active Times：Hello 2s MaxAge 20s FwDly 15s MaxHop 20
 CIST Root/ERPC：32768.4c1f-cc62-3b5a / 0
 CIST RegRoot/IRPC：32768.4c1f-cc62-3b5a / 0
 CIST RootPortId：0.0
 BPDU-Protection：Disabled
 TC or TCN received：19
...
```

上述信息中，CIST Bridge 是交换机自己的 ID，而 CIST Root 是根交换机的 ID。根交换机是交换机 ID 最小的交换机，所以通过观察可知，SW4 是当前的根交换机。

在 RSTP 构建的树形拓扑中，网络管理员需要设置汇聚层主交换机 SW1 为根交换机，汇聚层交换机 SW2 为备份根交换机，具体操作如下。

```
[SW1]stp root primary
[SW2]stp root secondary
```

配置完成后，同样在 SW1 上使用 display stp 命令观察，具体操作如下。

```
[SW1]dis play stp
--------[CIST Global Info][Mode RSTP]--------
 CIST Bridge：0.4c1f-ccfe-5b1f
 Config Times：Hello 2s MaxAge 20s FwDly 15s MaxHop 20
 Active Times：Hello 2s MaxAge 20s FwDly 15s MaxHop 20
 CIST Root/ERPC：0.4c1f-ccfe-5b1f / 0
 CIST RegRoot/IRPC：0.4c1f-ccfe-5b1f / 0
 CIST RootPortId：0.0
 BPDU-Protection：Disabled
 CIST Root Type：Primary root
 TC or TCN received：23
 TC count per hello：0
...
```

可以观察到，stp root primary 命令修改的是交换机 ID 中的交换机优先级，把默认的优先级由 32768 改为 0，所以 SW1 的交换机 ID 变为最小，是 Primary root（根交换机）。

在 SW2 上使用 display stp 命令观察，具体操作如下。

```
[SW2]dis play stp
-------[CIST Global Info][Mode RSTP]-------
CIST Bridge:    4096 .4c1f-cc97-10df
Config Times:   Hello 2s MaxAge 20s FwDly 15s MaxHop 20
Active Times:   Hello 2s MaxAge 20s FwDly 15s MaxHop 20
CIST Root/ERPC:  0.4c1f-ccfe-5b1f / 20000
CIST RegRoot/IRPC: 4096 .4c1f-cc97-10df / 0
CIST RootPortId:  128.1
BPDU-Protection:  Disabled
CIST Root Type:  Secondary root
TC or TCN received:  20
TC count per hello:  0
…
```

可以观察到，stp root secondary 命令修改的也是交换机 ID 中的交换机优先级，把默认的优先级由 32768 改为 4096，使 SW2 的桥 ID 变为次小，是 Secondary root（次根交换机）。

在 SW3 和 SW4 上使用 display stp 命令观察，具体操作如下。

```
<SW3>dis play stp
-------[CIST Global Info][Mode RSTP]-------
CIST Bridge:    32768.4c1f-cca3-6ef7
Config Times:   Hello 2s MaxAge 20s FwDly 15s MaxHop 20
Active Times:   Hello 2s MaxAge 20s FwDly 15s MaxHop 20
CIST Root/ERPC:  0.4c1f-ccfe-5b1f / 200000
CIST RegRoot/IRPC: 32768.4c1f-cca3-6ef7 / 0
CIST RootPortId:  128.2
BPDU-Protection:  Disabled
…
<SW4>dis play stp
-------[CIST Global Info][Mode RSTP]-------
CIST Bridge:    32768.4c1f-cc62-3b5a
Config Times:   Hello 2s MaxAge 20s FwDly 15s MaxHop 20
Active Times:   Hello 2s MaxAge 20s FwDly 15s MaxHop 20
CIST Root/ERPC:  0.4c1f-ccfe-5b1f / 220000
CIST RegRoot/IRPC: 32768.4c1f-cc62-3b5a / 0
CIST RootPortId:  128.2
BPDU-Protection :  Disabled
…
```

可以观察到，SW3 和 SW4 交换机的交换机优先级保持默认的 32768，且都把 SW1 当作根交换机。

继续使用 display stp brief 命令查看每台交换机上的端口角色及状态，具体操作如下。

```
[SW1]dis play stp brief
  MSTID   Port                      Role   STP State    Protection
    0     GigabitEthernet 0/0/1     DESI   FORWARDING   NONE
    0     GigabitEthernet 0/0/2     DESI   FORWARDING   NONE
```

由上述信息可知，根交换机 SW1 上无根端口，所有端口都是指定端口。

```
[SW2]dis play stp brief
  MSTID   Port                      Role   STP State    Protection
    0     GigabitEthernet0/0/1      ROOT   FORWARDING   NONE
    0     GigabitEthernet0/0/2      DESI   FORWARDING   NONE
```

由上述信息可知，交换机 SW2 上的 GE 0/0/1 是根端口。

```
<SW3>dis play stp brief
  MSTID   Port              Role   STP State    Protection
    0     Ethernet 0/0/1    DESI   FORWARDING   NONE
    0     Ethernet 0/0/2    ROOT   FORWARDING   NONE
    0     Ethernet 0/0/3    DESI   FORWARDING   NONE
    0     Ethernet 0/0/4    BACK   DISCARDING   NONE
```

由上述信息可知，交换机 SW3 上的 Ethernet 0/0/2 是根端口，Ethernet 0/0/3 是指定端口，而 Ethernet 0/0/4 是备份端口。

```
<SW4>dis play stp brief
  MSTID   Port              Role   STP State    Protection
    0     Ethernet 0/0/1    DESI   FORWARDING   NONE
    0     Ethernet 0/0/2    ROOT   FORWARDING   NONE
    0     Ethernet 0/0/3    ALTE   DISCARDING   NONE
```

由上述信息可知，交换机 SW4 上的 Ethernet 0/0/2 是根端口，Ethernet 0/0/3 是替代端口。

通过下面的操作，观察 SW2 上端口的状态变化。

目前 SW2 的 GE 0/0/1 端口是根端口，其他所有端口是指定端口。如果 SW2 的根端口断掉了，则 SW2 会选择把其他到达根交换机的端口设置成根端口。RSTP 的收敛比较快，端口 GE 0/0/2 会快速协商成为新的根端口，协商期间端口处于 Discarding 状态，协商结束后端口为 Forwarding 状态，这个过程所需要的时间非常短，这就是 RSTP 收敛快的一个表现。

模拟根端口断掉的过程，把 SW2 的 GE 0/0/1 端口使用 shutdown 关闭，同时使用 display stp brief 命令观察网上其他端口的角色及状态的变化，具体操作如下。

```
[SW2]int g0/0/1
[SW2-GigabitEthernet0/0/1]shutdown
[SW2-GigabitEthernet0/0/1]dis play stp brief
Nov 30 2016 16: 58: 52-08: 00 SW2 %%01PHY/1/PHY (1) [0]: GigabitEthernet0/0/1: change status to down
  MSTID   Port                      Role   STP State    Protection
    0     GigabitEthernet0/0/2      DESI   DISCARDING   NONE
```

由上述信息可以观察到，端口 GE 0/0/2 的角色还是指定端口，但状态是 Discarding。再次使用 dis play stp brief 命令时，就会观察到端口的角色为根端口，且处于转发状态，具体操作如下。

```
[SW2-GigabitEthernet0/0/1]dis play stp brief
    Nov 30 2016 16：58：52-08：00 SW2 %%01PHY/1/PHY（1）[0]：GigabitEthernet0/0/1：change status to down
    MSTID  Port                     Role  STP State    Protection
    0      GigabitEthernet0/0/2     ROOT  FORWARDING   NONE
```

观察结束之后，恢复端口设置，具体操作如下。

```
[SW2-GigabitEthernet0/0/1]undo shutdown
[SW2-GigabitEthernet0/0/1]
    Nov 30 2016 17：06：28-08：00 SW2 DS/4/DATASYNC_CFGCHANGE：OID 1.3.6.1.4.1.2011.5.25.191.3.1 configurations have been changed. The current change number is 8，the change loop count is 0，and the maximum number of records is 4095.
[SW2-GigabitEthernet0/0/1]dis stp brief
    MSTID  Port                     Role  STP State    Protection
    0      GigabitEthernet0/0/1     ROOT  FORWARDING   NONE
    0      GigabitEthernet0/0/2     DESI  FORWARDING   NONE
```

由上述信息可以观察到，端口 GE 0/0/2 的角色是指定端口，状态是 Discarding。再次使用 display stp brief 命令时，就会观察到 GE 0/0/2 会由 Discarding 状态回到 Forwarding 状态，具体操作如下。

```
[SW2-GigabitEthernet0/0/1]dis play stp brief
    MSTID  Port                     Role  STP State    Protection
    0      GigabitEthernet0/0/1     ROOT  FORWARDING   NONE
    0      GigabitEthernet0/0/2     DESI  FORWARDING   NONE
```

当拓扑发生变化时，RSTP 使用 P/A 机制和根端口快速切换机制使端口状态立即从 Discarding 进入 Forwarding 状态，缩短了收敛的时间，减小了对网络通信的影响。

（3）配置边缘端口

生成树的计算主要发生在交换机互连的链路之上，而连接 PC 的端口没有必要参与生成树计算。为了优化网络，降低生成树计算对终端设备的影响，现在网络管理员把交换机上连接 PC 的接口配置为边缘端口。

作为对比，将 SW4 上的 Ethernet 0/0/1 配置为边缘端口之前，先把端口关闭再开启，观察端口状态的变化，具体操作如下。

```
[SW4]dis play stp brief
    MSTID  Port            Role  STP State    Protection
    0      Ethernet 0/0/1  DESI  FORWARDING   NONE
    0      Ethernet 0/0/2  ROOT  FORWARDING   NONE
    0      Ethernet 0/0/3  ALTE  DISCARDING   NONE
[SW4]int e0/0/1
```

```
[SW4-Ethernet0/0/1]shutdown
[SW4-Ethernet0/0/1]undo shutdown
[SW4-Ethernet0/0/1]dis stp brief
 MSTID   Port              Role   STP State    Protection
   0     Ethernet 0/0/1    DESI   DISCARDING   NONE
   0     Ethernet 0/0/2    ROOT   FORWARDING   NONE
   0     Ethernet 0/0/3    ALTE   DISCARDING   NONE
```

可以观察到初始状态为 Discarding，15s 之后，接口将进入 Learning 状态。

```
[SW4-Ethernet0/0/1]dis stp brief
 MSTID   Port              Role   STP State    Protection
   0     Ethernet 0/0/1    DESI   LEARNING     NONE
   0     Ethernet 0/0/2    ROOT   FORWARDING   NONE
   0     Ethernet 0/0/3    ALTE   DISCARDING   NONE
```

保持在 Learning 状态 15s 后，接口最终进入到 Forwarding 状态。

```
[SW4-Ethernet0/0/1]dis stp brief
 MSTID   Port              Role   STP State    Protection
   0     Ethernet 0/0/1    DESI   FORWARDING   NONE
   0     Ethernet 0/0/2    ROOT   FORWARDING   NONE
   0     Ethernet 0/0/3    ALTE   DISCARDING   NONE
```

所以，一个接口如果参与生成树计算，要经过 Discarding 和 Learning 状态，30s 后才最终进入转发状态。

配置 SW4 上连接 PC 的端口为边缘端口，此时生成树计算工作依然进行，但端口进入转发状态不需要等待 30s。

```
[SW4-Ethernet0/0/1]stp edged-port enable
```

在 SW4 上，做同样的模拟过程，关闭 Ethernet 0/0/1 端口，再重新开启此端口，观察边缘端口 Ethernet 0/0/1 的状态变化。

```
[SW4-Ethernet0/0/1]shutdown
[SW4-Ethernet0/0/1]undo shutdown
[SW4-Ethernet0/0/1]dis stp brief
 MSTID   Port              Role   STP State    Protection
   0     Ethernet 0/0/1    DESI   FORWARDING   NONE
   0     Ethernet 0/0/2    ROOT   FORWARDING   NONE
   0     Ethernet 0/0/3    ALTE   DISCARDING   NONE
```

可以观察到，端口立刻进入到 Forwarding 状态，没有 30s 的延迟。

在使用 RSTP 的环境中，可以在交换机上把连接 PC、路由器和防火墙的端口都配置为边缘端口，边缘端口能降低终端设备访问网络需要等待的时间，明显提高网络的可用性。

（4）查看备份端口状态

网络管理员在 SW3 与 SW4 之间加了一台 Hub（集线器）设备，并将 SW3 的 Ethernet

0/0/4 通过 Hub 与 SW4 相连。

在 SW3 上使用 display stp brief 命令查看生成树信息，具体操作如下。

```
[SW3]dis play stp brief
 MSTID   Port              Role    STP State    Protection
  0      Ethernet 0/0/1    DESI    FORWARDING   NONE
  0      Ethernet 0/0/2    ROOT    FORWARDING   NONE
  0      Ethernet 0/0/3    DESI    FORWARDING   NONE
  0      Ethernet 0/0/4    BACK    DISCARDING   NONE
```

可以观察到，S3 的 Ethernet 0/0/3 接口为指定端口，而同交换机上的 Ethernet 0/0/4 为备份端口，两个接口接到同一台 Hub 上，当 Ethernet 0/0/3 接口关闭之后，Ethernet 0/0/4 会成为新的指定端口。

在 SW3 上关闭 Ethernet 0/0/3 接口，通过 display stp brief 命令查看备份端口的状态变化，具体操作如下。

```
[SW3]int e0/0/3
[SW3-Ethernet0/0/3]shutdown
[SW3-Ethernet0/0/3]dis play stp brief
 MSTID   Port              Role    STP State    Protection
  0      Ethernet 0/0/1    DESI    FORWARDING   NONE
  0      Ethernet 0/0/2    ROOT    FORWARDING   NONE
  0      Ethernet 0/0/4    BACK    DISCARDING   NONE
[SW3-Ethernet0/0/3]dis play stp brief
 MSTID   Port              Role    STP State    Protection
  0      Ethernet 0/0/1    DESI    FORWARDING   NONE
  0      Ethernet 0/0/2    ROOT    FORWARDING   NONE
  0      Ethernet 0/0/4    DESI    LEARNING     NONE
[SW3-Ethernet0/0/3]dis play stp brief
 MSTID   Port              Role    STP State    Protection
  0      Ethernet 0/0/1    DESI    FORWARDING   NONE
  0      Ethernet 0/0/2    ROOT    FORWARDING   NONE
  0      Ethernet 0/0/4    DESI    FORWARDING   NONE
```

可以观察到，SW3 上的指定端口断掉后，Ethernet 0/0/4 端口角色发生变化，状态会由 Discarding、Learning 最终到 Forwarding，指定端口现在是 Ethernet 0/0/4，指定交换机还是 SW3，SW3 仍然为 Hub 所在网段提供访问其他交换机的数据访问路径。

在 SW4 上，端口 Ethernet 0/0/2 是根端口，端口 Ethernet 0/0/3 是替代端口，Discarding 状态。当 SW4 的根端口 Ethernet 0/0/2 关闭之后，端口 Ethernet 0/0/3 会立即替代 Ethernet 0/0/2 成为新的根端口，具体操作如下。

```
[SW4]display stp brief
 MSTID   Port              Role    STP State    Protection
  0      Ethernet 0/0/1    DESI    FORWARDING   NONE
  0      Ethernet 0/0/2    ROOT    FORWARDING   NONE
```

| | 0 | Ethernet 0/0/3 | ALTE | DISCARDING | NONE |

把 SW4 上的根端口 Ethernet 0/0/2 关闭掉,观察替代端口 Ethernet 0/0/3 的状态及角色的变化。

```
[SW4]display stp brief
 MSTID  Port              Role  STP State   Protection
   0    Ethernet 0/0/1    DESI  FORWARDING  NONE
   0    Ethernet 0/0/2    ROOT  FORWARDING  NONE
   0    Ethernet 0/0/3    ALTE  DISCARDING  NONE
[SW4-Ethernet0/0/2]display stp brief
 MSTID  Port              Role  STP State   Protection
   0    Ethernet 0/0/1    DESI  FORWARDING  NONE
   0    Ethernet 0/0/3    ROOT  FORWARDING  NONE
```

RSTP 收敛很快,所以替代端口立即成为根端口。

在 RSTP 中,Alternate 端口和 Backup 端口角色所对应的最终端口状态都是 Discarding。区别是,Alternate 端口用于为根端口做备份,而 Backup 端口用于为本交换机上的指定端口做备份。所以当相应的根端口或指定端口断掉后,备份端口会立即承担原有的根端口或指定端口的角色,开始转发数据。

RSTP 是对 STP 的升级,它重新划定端口的角色及状态,使用更快速的握手协商机制,降低了收敛时间,使它成为继 STP 后首选的生成树协议。不足之处就是,在同一网络内的交换机上所有的 VLAN 共用同样的拓扑,此时可以使用 MSTP 来优化。

3.7 链路聚合

码 3-13 链路聚合

3.7.1 链路聚合技术简介

1. Eth-Trunk 链路聚合技术

在没有使用 Eth-Trunk 技术前,百兆以太网的双绞线在两个互联的网络设备间的带宽仅为 100Mbit/s。若想达到更高的数据传输速率,则需要更换传输媒介,使用千兆级光纤或升级成为千兆以太网。这样的解决方案成本较高。如果采用 Eth-Trunk 技术把多个端口捆绑在一起,则可以使用较低的成本满足提高端口带宽的需求。例如,把 3 个 100Mbit/s 的全双工端口捆绑在一起,就可以达到 300Mbit/s 的最大带宽。

链路聚合是以太网交换机所实现的一种非常重要的高可靠捆绑技术。通过 Eth-Trunk 技术,它将多个物理端口捆绑成一个逻辑端口,这个逻辑端口就称为 Eth-Trunk 端口,捆绑在一起的每个物理端口称为成员端口。Eth-Trunk 只能由以太网链路构成。Trunk 的优势:一是负载分担,在一个 Eth-Trunk 端口内可以实现流量负载分担;二是提高可靠性,当某个成员端口连接的物理链路出现故障时,流量会切换到其他可用的链路上,从而提高整个 Trunk 链路的可靠性;三是增加带宽,Trunk 端口的总带宽是各成员端口的带宽之和。

Eth-Trunk 在逻辑上把多条物理链路捆绑,使其等同于一条逻辑链路,对上层数据透明传输。所有 Eth-Trunk 中物理端口的参数必须一致,Eth-Trunk 链路两端要求一致的物理参数有 Eth-Trunk 链路两端相连的物理端口类型、物理端口数量、物理端口的速率、物理端口的双工方式及物理端口的流控方式。华为交换机配置链路聚合有两种模式，分别是手工负载分担模式（manual）和和静态 LACP 模式（lacp-static）两种。

(1) 手工负载分担模式

手工负载分担模式是一种最基本的链路聚合方式。在该模式下，Eth-Trunk 端口的建立、成员端口的加入完全由手工来配置，没有链路聚合控制协议的参与。该模式下的所有成员端口（selected）都参与数据的转发，分担负载流量，因此称为手工负载分担模式。手工汇聚端口的 LACP 为关闭状态，禁止用户手工汇聚端口的 LACP。

在手工汇聚组中，端口可能处于两种状态：Selected 或 Standby。处于 Selected 状态且端口号最小的端口为汇聚组的主端口，其他处于 Selected 状态的端口为汇聚组的成员端口。

由于设备所能支持的汇聚组中的最大端口数有限制，如果处于 Selected 状态的端口数超过设备所能支持的汇聚组中的最大端口数，则系统将按照端口号从小到大的顺序选择一些端口为 Selected 端口，其他则为 Standby 端口。

(2) 静态 LACP 配置

静态 LACP 模式下，Eth-Trunk 端口的建立、成员端口的加入，都是由手工配置完成的。但与手工负载分担模式链路聚合不同的是，该模式下，LACP 报文参与活动端口的选择。也就是说，当把一组端口加入 Eth-Trunk 端口后，这些成员端口中哪些端口作为活动端口，哪些端口作为非活动端口还需要经过 LACP 报文的协商确定。

静态汇聚端口的 LACP 为使能状态，当一个静态汇聚组被删除时，其成员端口将形成一个或多个动态 LACP 汇聚，并保持 LACP 使能。禁止用户关闭静态汇聚端口的 LACP。

在静态汇聚组中，端口可能处于两种状态：Selected 或 Standby。Selected 端口和 Standby 端口都能收发 LACP，但 Standby 端口不能转发用户报文。

在一个汇聚组中，处于 Selected 状态且端口号最小的端口为汇聚组的主端口，其他处于 Selected 状态的端口为汇聚组的成员端口。在静态汇聚组中，系统按照以下原则设置端口使其处于 Selected 或者 Standby 状态。

系统按照端口全双工/高速率、全双工/低速率、半双工/高速率、半双工/低速率的优先次序，选择优先次序最高的端口处于 Selected 状态，其他端口则处于 Standby 状态。

与处于 Selected 状态的最小端口所连接的对端设备不同，或者连接的是同一个对端设备但端口在不同汇聚组内，端口将处于 Standby 状态。

端口因存在硬件限制（如不能跨板汇聚）无法汇聚在一起，而无法与处于 Selected 状态的最小端口汇聚的端口将处于 Standby 状态。

与处于 Selected 状态的最小端口的基本配置不同的端口将处于 Standby 状态。由于设备所能支持的汇聚组中的 Selected 端口数有限制，如果当前的成员端口数超过了设备所能支持的最大 Selected 端口数，则系统将按照端口号从小到大的顺序选择一些端口为 Selected 端口，其他则为 Standby 端口。

2. Eth-Trunk 链路聚合的配置命令

创建 Eth-Trunk 链路聚合，配置多个端口并将其加入到所创建的 Eth-Trunk 中。

(1) 创建链路聚合组

在系统视图下创建链路聚合组，其命令格式如下。

```
interface eth-trunk group-id
```

其中，group-id 表示链路聚合组的 ID。
（2）设置 Eth-Trunk 模式
设置 Eth-Trunk 模式的命令如下。

```
mode {manual| lacp-static }
```

其中，manual 表示手工负载分担模式，lacp-static 表示静态 LACP 模式。
（3）将端口加入链路聚合组
创建链路聚合组，其命令格式如下。

```
interface interface                    #进入指定端口
eth-trunk group-id
```

其中，group-id 表示链路聚合组的 ID。
（4）查看 Eth-Trunk 端口状态
查看指定端口的状态信息，命令格式如下。

```
display eth-trunk group-id
```

3.7.2 基于 Eth-Trunk 链路聚合技术的实训项目

1．项目引入

SW1 和 SW2 为核心交换机，PC1 属于 A 部门终端设备，PC2 属于 B 部门终端设备。根据规划，SW1 和 SW2 之间原来由一条光纤线路相连，但出于带宽和冗余角度考虑，需要对其进行升级，使用 Eth-Trunk 链路聚合技术实现此需求。

码 3-14 基于 Eth-Trunk 链路聚合技术的实训项目

2．拓扑结构

利用 Eth-Trunk 链路聚合技术实现 VLAN 间路由的拓扑如图 3-9 所示。

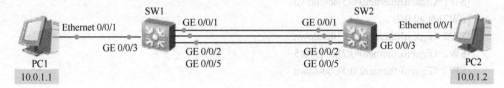

图 3-9　利用 Eth-Trunk 链路聚合技术实现 VLAN 间路由的拓扑

设备端口及对应地址见表 3-9。设备及对应 MAC 地址见表 3-10。

表 3-9　设备端口及对应地址

设　备	端　　口	IP 地址	子网掩码	默认网关
PC1	Ethernet 0/0/1	10.0.1.1	255.255.255.0	N/A
PC2	Ethernet 0/0/1	10.0.1.2	255.255.255.0	N/A

表 3-10 设备及对应 MAC 地址

设备	全局 MAC 地址
SW1	4c1f-cc98-0bb2
SW2	4c1f-cc62-372d

3. 实训步骤

（1）基本配置

根据以上地址表进行相应的基本配置，并使用 Ping 命令检测各 PC 之间的连通性，具体操作如下。

```
PC>ping 10.0.1.2
Ping 10.0.1.2:   32 data bytes,   Press Ctrl_C to break
From 10.0.1.2:   bytes=32 seq=1 ttl=128 time=63 ms
From 10.0.1.2:   bytes=32 seq=2 ttl=128 time=63 ms
From 10.0.1.2:   bytes=32 seq=3 ttl=128 time=62 ms
From 10.0.1.2:   bytes=32 seq=4 ttl=128 time=63 ms
From 10.0.1.2:   bytes=32 seq=5 ttl=128 time=47 ms
--- 10.0.1.2 ping statistics ---
   5 packet（s）transmitted
   5 packet（s）received
   0.00% packet loss
   round-trip min/avg/max = 47/59/63 ms
```

另一台 PC 的连通性测试相同，故省略。

由于本实训项目的需要，首先要将 SW1 与 SW2 上互连的 GE 0/0/2 和 GE 0/0/5 端口关闭，具体操作如下。

```
[SW1]int g0/0/2
[SW1-GigabitEthernet0/0/2]shutdown
[SW1-GigabitEthernet0/0/2]int g0/0/5
[SW1-GigabitEthernet0/0/5]shutdown
[SW2]int g0/0/2
[SW2-GigabitEthernet0/0/2]shutdown
[SW2-GigabitEthernet0/0/2]int g0/0/5
[SW2-GigabitEthernet0/0/5]shutdown
```

（2）未配置 Eth-Trunk 时的现象验证

在原有的网络环境中，两台核心交换机间只部署了一条链路。但随着业务增长，以及数据量的增大，带宽出现了瓶颈，已经无法满足公司的业务需求，也无法实现冗余备份。考虑到以上问题，网络管理员决定通过增加链路的方式来提升带宽。原链路只有一条，带宽为 1Gbit/s，在原有的网络基础上再增加一条链路，将带宽增加到 2Gbit/s。

模拟链路增加，开启 SW1 和 SW2 上的 GE 0/0/2 端口，具体操作如下。

```
[SW1]int g0/0/2
[SW1-GigabitEthernet0/0/2]undo shutdown
```

```
[SW2]int g0/0/2
[SW2-GigabitEthernet0/0/2]undo shutdown
```

增加链路后，网络管理员考虑到，在该组网络拓扑下，默认开启的 STP 一定会将其中一条链路阻塞掉。

查看 SW1 和 SW2 的 STP 状态信息，具体操作如下。

```
[SW1]display stp brief
 MSTID   Port                    Role   STP State     Protection
   0     GigabitEthernet 0/0/1   ROOT   FORWARDING    NONE
   0     GigabitEthernet 0/0/2   ALTE   DISCARDING    NONE
   0     GigabitEthernet 0/0/3   DESI   FORWARDING    NONE
[SW2]display stp brief
 MSTID   Port                    Role   STP State     Protection
   0     GigabitEthernet 0/0/1   DESI   FORWARDING    NONE
   0     GigabitEthernet 0/0/2   DESI   FORWARDING    NONE
   0     GigabitEthernet 0/0/3   DESI   FORWARDING    NONE
```

可以观察到，SW1 的 GE 0/0/2 端口处于丢弃状态。如果要实质性地增加 SW1 和 SW2 之间的带宽，显然单靠增加链路条数是不够的。生成树会阻塞多余端口，使得目前 SW1 与 SW2 之间的数据仍然仅通过 GE 0/0/1 端口传输。

（3）配置 Eth-Trunk 实现链路聚合（手工负载分担模式）

通过上一步骤，发现仅靠简单增加互连的链路，不但无法解决目前带宽不够用的问题，还会在切换时带来断网的问题，显然是不合理的。此时网络管理员通过配置 Eth-Trunk 链路聚合来增加链路带宽，并可确保链路冗余。

手工负载分担模式：需要手动创建链路聚合组，并配置多个端口加入到所创建的 Eth-Trunk 中。

静态 LACP 模式：该模式利用 LACP 协商 Eth-Trunk 参数后自主选择活动端口。

在 SW1 和 SW2 上配置 Eth-Trunk 实现链路聚合，需要创建 Eth-Trunk 1 端口，并指定为手工负载分担模式，具体操作如下。

```
[SW1]int eth-trunk 1
[SW1-Eth-Trunk1]mode manual load-balance
[SW2]int eth-trunk 1
[SW2-Eth-Trunk1]mode manual load-balance
```

将 SW1 和 SW2 的 GE 0/0/1 和 GE 0/0/2 分别加入到 Eth-Trunk 1 端口，具体操作如下：

```
[SW1]int g0/0/1
[SW1-GigabitEthernet0/0/1]eth-trunk 1
[SW1-GigabitEthernet0/0/1]int g0/0/2
[SW1-GigabitEthernet0/0/2]eth-trunk 1
[SW2]int g0/0/1
[SW2-GigabitEthernet0/0/1]eth-trunk 1
[SW2-GigabitEthernet0/0/1]int g0/0/2
```

```
[SW2-GigabitEthernet0/0/2]eth-trunk 1
```

配置完成后，使用 display eth-trunk 1 命令查看 SW1 和 SW2 的 Eth-Trunk 1 端口状态，具体操作如下。

```
[SW1]display eth-trunk 1
Eth-Trunk1's state information is:
WorkingMode: NORMAL         Hash arithmetic:    According to SIP-XOR-DIP
Least Active-linknumber: 1  Max Bandwidth-affected-linknumber:  8
Operate status: up          Number Of Up Port In Trunk:  2
--------------------------------------------------------------------
PortName                    Status         Weight
GigabitEthernet 0/0/1       Up             1
GigabitEthernet 0/0/2       Up             1
[SW2]display eth-trunk 1
Eth-Trunk1's state information is:
WorkingMode: NORMAL         Hash arithmetic:    According to SIP-XOR-DIP
Least Active-linknumber: 1  Max Bandwidth-affected-linknumber:  8
Operate status: up          Number Of Up Port In Trunk:  2
--------------------------------------------------------------------
PortName                    Status         Weight
GigabitEthernet 0/0/1       Up             1
GigabitEthernet 0/0/2       Up             1
```

可以观察到，SW1 与 SW2 的工作模式为 NORMAL（手工负载分担方式），GE 0/0/1 与 GE 0/0/2 端口已经添加到 Eth-Trunk 1 中，并且处于 UP 状态。

使用 display interface eth-trunk 1 命令查看 SW1 的 Eth-Trunk 1 端口信息，具体操作如下。

```
[SW1]display interface eth-trunk 1
Eth-Trunk1 current state :  UP
Line protocol current state :  UP
Description:
Switch Port,  PVID :      1,  Hash arithmetic :   According to SIP-XOR-DIP, Maximal BW:
 2G,   Current BW:  2G,   The Maximum Frame Length is 9216
IP Sending Frames' Format is PKTFMT_ETHNT_2,  Hardware address is 4c1f-cc98-0bb2
Current system time:  2016-11-30 20: 26: 07-08: 00
    Input bandwidth utilization:  0%
    Output bandwidth utilization :  0%
--------------------------------------------------------------------
PortName                    Status         Weight

GigabitEthernet0/0/1        UP             1
GigabitEthernet0/0/2        UP             1

The Number of Ports in Trunk: 2
```

```
The Number of UP Ports in Trunk: 2
```

可以观察到，目前该端口的总带宽是 GE 0/0/1 和 GE 0/0/2 端口的带宽之和。

查看 SW1 端口的生成树状态，具体操作如下。

```
[SW1]display stp brief
  MSTID   Port                      Role   STP State    Protection
     0    GigabitEthernet0/0/3      DESI   FORWARDING   NONE
     0    Eth-Trunk1                ROOT   FORWARDING   NONE
```

可以观察到，SW1 的两个端口被捆绑成一个 Eth-Trunk 端口，并且该端口现在处于转发状态。

使用 Ping 命令持续测试，同时将 SW1 的 GE 0/0/1 或者 GE 0/0/2 端口关闭，以模拟故障发生，具体操作如下。

```
PC>ping 10.0.1.2 -t
Ping 10.0.1.2:   32 data bytes,   Press Ctrl_C to break
From 10.0.1.2:   bytes=32 seq=1 ttl=128 time=62 ms
From 10.0.1.2:   bytes=32 seq=2 ttl=128 time=47 ms
From 10.0.1.2:   bytes=32 seq=3 ttl=128 time=47 ms
Request timeout!
Request timeout!
From 10.0.1.2:   bytes=32 seq=51 ttl=128 time=47 ms
From 10.0.1.2:   bytes=32 seq=52 ttl=128 time=47 ms
```

可以观察到，当链路故障发生时，链路立刻进行切换，数据包仅丢了两个，并且只要物理链路有一条是正常的，Eth-Trunk 端口就不会断开，仍然可以保证数据的转发。可见，Eth-Trunk 在提高了带宽的情况下，也实现了链路冗余。模拟完成后将 SW1 端口恢复。

（4）配置 Eth-Trunk 实现链路聚合（静态 LACP 模式）

之前介绍过，假设两条链路中的一条出现了故障，只有一条链路正常工作的情况下无法保证带宽。现网络管理员为公司再部署一条链路作为备份链路，并采用静态 LACP 模式配置 Eth-Trunk，实现两条链路同时转发，一条链路备份，当其中一条转发链路出现问题时，备份链路可立即进行数据转发。

开启 SW1 与 SW2 上的 GE 0/0/5 端口，模拟增加了一条新链路，具体操作如下。

```
[SW1]int g0/0/5
 [SW1-GigabitEthernet0/0/5]undo shutdown
[SW2]int g0/0/5
 [SW2-GigabitEthernet0/0/5]undo shutdown
```

在 SW1 和 SW2 上的 Eth-Trunk 1 端口下，将工作模式改为静态 LACP 模式，具体操作如下。

```
[SW1]int eth-trunk 1
[SW1-Eth-Trunk1]mode lacp-static
```

```
[SW2]int eth-trunk 1
[SW2-Eth-Trunk1]mode lacp-static
```

将 SW1 和 SW2 的 GE 0/0/1、GE 0/0/2 和 GE 0/0/5 端口分别加入到 Eth-Trunk 1 端口，具体操作如下。

```
[SW1]int g0/0/1
[SW1-GigabitEthernet0/0/1]eth-trunk 1
[SW1-GigabitEthernet0/0/1]int g0/0/2
[SW1-GigabitEthernet0/0/2]eth-trunk 1
[SW1-GigabitEthernet0/0/2]int g0/0/5
[SW1-GigabitEthernet0/0/5]eth-trunk 1
[SW2]int g0/0/1
[SW2-GigabitEthernet0/0/1]eth-trunk 1
[SW2-GigabitEthernet0/0/1]int g0/0/2
[SW2-GigabitEthernet0/0/2]eth-trunk 1
[SW2-GigabitEthernet0/0/2]int g0/0/5
[SW2-GigabitEthernet0/0/5]eth-trunk 1
```

配置完成后，查看 SW1 的 Eth-Trunk 1 端口状态，具体操作如下。

```
[SW1]display eth-trunk 1
Eth-Trunk1's state information is:
Local:
LAG ID: 1                         WorkingMode:    STATIC
Preempt Delay: Disabled           Hash arithmetic:    According to SIP-XOR-DIP
System Priority: 32768            System ID:    4c1f-cc98-0bb2
Least Active-linknumber:  1       Max Active-linknumber:   8
Operate status:  up               Number Of Up Port In Trunk:   3
--------------------------------------------------------------------------------
ActorPortName          Status      PortType PortPri PortNo PortKey PortState Weight
GigabitEthernet 0/0/1  Selected 1GE         32768   2      305     10111100  1
GigabitEthernet 0/0/2  Selected 1GE         32768   3      305     10111100  1
GigabitEthernet 0/0/5  Selected 1GE         32768   6      305     10111100  1
Partner:
--------------------------------------------------------------------------------
ActorPortName              SysPri     SystemID        PortPri PortNo PortKey PortState
GigabitEthernet 0/0/1 32768 4c1f-cc62-372d   32768   2      305     10111100
GigabitEthernet 0/0/2 32768 4c1f-cc62-372d   32768   3      305     10111100
GigabitEthernet 0/0/5 32768 4c1f-cc62-372d   32768   6      305     10111100
```

可以观察到，3 个端口默认都处于活动状态（Selected）。

将 SW1 的系统优先级从默认的 32768 改为 100，使其成为主动端（值越低优先级越高），并按照主动端设备的端口来选择活动端口。两端设备逃出主动端后，两端都会以主动端的端口优先级来选择活动端口。两端设备选择了一致的活动端口，活动链路组便可以建立起来，设置这些活动链路以手工负载分担的方式转发数据，具体操作如下。

```
[SW1]lacp priority 100
```

配置完成后，查看 SW1 的 Eth-Trunk 1 端口状态，具体操作如下。

```
[SW1]display eth-trunk 1
Eth-Trunk1's state information is:
Local:
LAG ID: 1                          WorkingMode: STATIC
Preempt Delay: Disabled            Hash arithmetic: According to SIP-XOR-DIP
System Priority: 100               System ID: 4c1f-cc98-0bb2
Least Active-linknumber: 1         Max Active-linknumber: 8
Operate status: up                 Number Of Up Port In Trunk: 3

ActorPortName          Status     PortType  PortPri  PortNo  PortKey  PortState  Weight
GigabitEthernet 0/0/1  Selected   1GE       32768    2       305      10111100   1
GigabitEthernet 0/0/2  Selected   1GE       32768    3       305      10111100   1
GigabitEthernet 0/0/5  Selected   1GE       32768    6       305      10111100   1
Partner:

ActorPortName          SysPri  SystemID         PortPri  PortNo  PortKey  PortState
GigabitEthernet 0/0/1  32768   4c1f-cc62-372d   32768    2       305      10111100
GigabitEthernet 0/0/2  32768   4c1f-cc62-372d   32768    3       305      10111100
GigabitEthernet 0/0/5  32768   4c1f-cc62-372d   32768    6       305      10111100
```

可以观察到，已经将 SW1 的 LACP 系统优先级改为 100，而 SW2 的则没修改，仍为默认值。

在 SW1 上配置活动端口上限阈值为 2，具体操作如下。

```
[SW1]int eth-trunk 1
[SW1-Eth-Trunk1]max active-linknumber 2
```

在 SW1 上配置端口的优先级来确定活动链路，具体操作如下。

```
[SW1]int g0/0/1
[SW1-GigabitEthernet0/0/1]lacp priority 100
[SW1-GigabitEthernet0/0/1]int g0/0/2
[SW1-GigabitEthernet0/0/2]lacp priority 100
```

配置端口的活动优先级，将默认的 32768 改为 100，目的是使 GE 0/0/1 和 GE 0/0/2 端口成为活动状态，具体操作如下。

```
[SW1]display eth-trunk 1
Eth-Trunk1's state information is:
Local:
LAG ID: 1                          WorkingMode: STATIC
Preempt Delay: Disabled            Hash arithmetic: According to SIP-XOR-DIP
System Priority: 100               System ID: 4c1f-cc98-0bb2
```

```
Least Active-linknumber: 1      Max Active-linknumber: 2
Operate status: up              Number Of Up Port In Trunk: 2
--------------------------------------------------------------------------------
ActorPortName               Status      PortType PortPri PortNo PortKey PortState Weight
GigabitEthernet 0/0/1       Selected    1GE      100     2      305    10111100  1
GigabitEthernet 0/0/2       Selected    1GE      100     3      305    10111100  1
GigabitEthernet 0/0/5       Unselect    1GE      32768   6      305    10100000  1
Partner:
--------------------------------------------------------------------------------
ActorPortName           SysPri   SystemID          PortPri PortNo PortKey PortState
GigabitEthernet 0/0/1   32768    4c1f-cc62-372d    32768   2      305    10111100
GigabitEthernet 0/0/2   32768    4c1f-cc62-372d    32768   3      305    10111100
GigabitEthernet 0/0/5   32768    4c1f-cc62-372d    32768   6      305    10110000
```

可以观察到，由于将端口的阈值改为 2（默认活动端口最大阈值为 8），因此该 Eth-Trunk 端口下将只有两个成员处于活动状态，并且具有负载分担能力。GE 0/0/5 端口已处于不活动状态（Unselect），该链路作为备份链路。当活动链路出现故障时，备份链路将会替代故障链路，保持数据传输的可靠性。

将 SW1 的 GE 0/0/1 端口关闭，验证 Eth-Trunk 链路聚合信息，具体操作如下。

```
[SW1]int g0/0/1
[SW1-GigabitEthernet0/0/1]shutdown

[SW1]display eth-trunk 1
Eth-Trunk1's state information is:
Local:
LAG ID: 1                       WorkingMode:    STATIC
Preempt Delay: Disabled         Hash arithmetic:  According to SIP-XOR-DIP
System Priority: 100            System ID:      4c1f-cc98-0bb2
Least Active-linknumber: 1      Max Active-linknumber: 2
Operate status: up              Number Of Up Port In Trunk: 2
--------------------------------------------------------------------------------
ActorPortName               Status      PortType PortPri PortNo PortKey PortState Weight
GigabitEthernet 0/0/1       Unselect    1GE      100     2      305    10100010  1
GigabitEthernet 0/0/2       Selected    1GE      100     3      305    10111100  1
GigabitEthernet 0/0/5       Selected    1GE      32768   6      305    10111100  1
```

可以观察到，SW1 的 GE 0/0/1 端口已经处于不活动状态，而 GE 0/0/5 端口为活动状态。如果将 SW1 的 GE 0/0/1 端口开启，又会恢复为活动状态，GE 0/0/5 则为不活动状态。

至此，完成了整个 Eth-Trunk 的部署。

3.8 本章小结

码 3-15 本章小结

本章介绍了 VLAN 基本配置以及交换机两种不同的端口、单臂路由技术、三层交换机的 VLAN 间路由、实现不同 VLAN 访问的原理和方法、STP 的基本原理、RSTP 的基本原理及链路聚合技术。通过这些内容的学习，读者将学会如何构建小型局域网。

3.9 本章练习

码 3-16 本章练习答案

一、填空题

1. Internet 上的计算机使用的是_____协议。
2. 用_____命令可以查看本地计算机的 IP 参数地址。
3. 用_____命令可以测试本地计算机与网络中其他计算机的连通性。
4. STP 的端口状态有_____、_____和_____。

二、选择题

1. 如果局域网络中有一台计算机的 IP 地址为 192.168.1.1，则该计算机要发送广播信息给该网络中的每一台主机，应使用的地址为（　　）。
   A. 192.168.1.1　　　　　　　　　B. 192.168.1.0
   C. 192.168.1.255　　　　　　　　D. 255.255.255.0

2. 当一台主机从一个网络移到另一个网络时，以下说法正确的是（　　）。
   A. 必须改变它的 IP 地址和 MAC 地址
   B. 必须改变它的 IP 地址，但不需改变 MAC 地址
   C. 必须改变它的 MAC 地址，但不需改变 IP 地址
   D. MAC 地址和 IP 地址都不需改变

3. 以下几种划分 VLAN 的方法中，最为常用的是（　　）。
   A. 基于端口　　B. 基于 MAC 地址　　C. 基于 IP 地址　　D. 规则

4. 下面表述不正确的是（　　）。
   A. 同一个交换机可以划分多个 VLAN
   B. 多个交换机可以划分为同一个 VLAN
   C. VLAN 内的计算机可以位于不同物理位置
   D. 交换机的一个端口只能划分给一个 VLAN 使用

5. 在两个分别被连接到不同的 VLAN 的计算机之间传递数据，可以通过（　　）实现。
   A. 二层交换机　　B. 三层交换机　　C. Eth-Trunk 技术　　D. 路由器

6. 下面用于在交换机中配置 Trunk 承载的 VLAN 的命令是（　　）。
   A. access vlan vlan-id　　　　　　B. port link-type trunk
   C. port trunk permit vlan　　　　D. set port vlan vlan-id

三、问答题

1. 如何检查对等网络中连接的计算机是否都可以相互通信？
2. 简述 VLAN 的原理和作用。
3. 在局域网中为什么要使用 STP？
4. 如果交换机端口的交换带宽是 100Mbit/s，那么将其中的两个端口进行 Eth-Trunk 聚合后，传输带宽是多少？

第 4 章　中型局域网的构建

本章要点

- 描述路由的作用。
- 掌握路由转发原理。
- 掌握路由表的构成及含义。
- 在设备上查看路由表。

路由器是能够将数据报文在不同逻辑网段间进行传输的网络设备。路由是指导路由器如何进行数据报文转发的路径信息。每条路由都包含目的地址、下一跳、出端口、到目的地的代价等要素，路由器根据自己的路由表对应 IP 报文进行转发操作。每一台路由器都有路由表，路由存储在路由表中。

路由器提供了将异构网络互联起来的机制，实现将一个数据包从一个网络发送到另一个网络。路由是指导 IP 数据包发送的路由信息。

在互联网中进行路由选择要使用路由器，路由器根据所收到的数据报头的目的地址选择一个合适的路径（通过某一个网络），将数据包传送到下一个路由器，路径上最后的路由器负责将数据包送交目的主机。像体育运动项目中的接力赛一样，每一个路由包通过最优路径转发到目的地。当然也有一些例外的情况，由于一些路由策略的实施，数据包通过的路径并不一定是最优的。

4.1　静态路由及默认路由

4.1.1　静态路由技术及默认路由技术简介

码 4-1　静态路由及默认路由

1. 静态路由

静态路由是指由用户或网络管理员手工配置的路由信息。当网络的拓扑结构或链路的状态发生变化时，网络管理员需要手工去修改路由表中相关的静态路由信息。静态路由信息在默认情况下是私有的，不会传递给其他的路由器。当然，网络管理员也可以通过对路由器进行设置使之成为共享的。静态路由一般适用于比较简单的网络环境，在这样的环境中，网络管理员易于清楚地了解网络的拓扑结构，便于设置正确的路由信息。

（1）静态路由的优点

使用静态路由的好处是网络安全保密性高。动态路由需要路由器之间频繁地交换各自的路由表，再通过对路由表的分析可以揭示网络的拓扑结构和网络地址等信息。因此，网络出于安全方面的考虑也可以采用静态路由。此外，静态路由不会产生更新流量，因此不占用网络带宽。

（2）静态路由的缺点

大型和复杂的网络环境通常不宜采用静态路由。一方面，网络管理员难以全面地了解整个网络的拓扑结构；另一方面，当网络的拓扑结构和链路状态发生变化时，路由器中的静态路由信息需要相应地调整，这一工作的难度和复杂程度非常高。此外，在采用静态路由时，当网络发生变化或网络发生故障时，不能重选路由，很可能使路由失败。

2．默认路由

默认路由是一种特殊的静态路由，是指当路由表中与数据包的目的地址之间没有匹配的表项时，路由器能够做出的选择。如果没有默认路由，那么目的地址在路由表中没有匹配表项的包将被丢弃。默认路由在某些时候非常有效，当存在末梢网络时，默认路由会大大简化路由器的配置，减轻管理员的工作负担，提高网络性能。

默认路由是 IP 数据包中的目的地址找不到匹配的其他路由时，路由器所选择的路由。目的地不在路由器的路由表里的所有数据包都会使用默认路由，这条路由一般会连接另一个路由器，而这个路由器也同样处理数据包。如果知道应该怎么路由这个数据包，则数据包会被转发到已知的路由；否则，数据包会被转发到默认路由，从而到达另一个路由器。每次转发，路由都增加了一跳的距离。

当到达了一个知道如何到达目的地址的路由器时，这个路由器就会根据最长前缀匹配来选择有效的路由。用无类别域间路由标记表示的 IPv4 默认路由是 0.0.0.0/0，在 IPv6 中，默认路由的地址是：/0；因为子网掩码是/0，所以它是最短的可能匹配路由，当查找不到匹配的路由时，自然而然就会转而使用这条路由。一些组织的路由器一般把默认路由设置为一个连接到网络服务提供商的路由器。这样，目的地为该组织的局域网以外（一般是互联网、城域网或者 VPN）的数据包都会被该路由器转发到该网络服务提供商。当那些数据包到了外网，如果该路由器不知道该如何路由它们，就会把它们转发到它自己的默认路由里，而这又会是另一个连接到更大网络的路由器。同样的，如果仍然不知道该如何路由那些数据包，它们会被转发到互联网的主干线路上。这样，目的地址会被认为不存在，数据包就会被丢弃。

主机里的默认路由通常被称作默认网关。默认网关通常会是一个有过滤功能的设备，如防火墙和代理服务器。

3．静态路由和默认路由的配置命令

（1）显示路由表信息

显示路由表信息的命令格式如下。

display ip routing-table

（2）配置静态路由

配置静态路由的命令格式如下。

ip route prefix mask {address| interface}   [distance] [tag tag] [permanent]

删除静态路由的命令格式如下。

undo ip route-static prefix mask {address| interface}

其中，prefix 表示所要到达的目的网络，mask 表示子网掩码，address 表示相邻路由器

的端口地址，interface 表示本地网络接口。

（3）配置默认路由

配置默认路由的命令格式如下。

[R1]ip route-static 0.0.0.0　0 {address| interface}

其中，address 表示相邻路由器的端口地址，interface 表示本地网络端口。

4.1.2 基于静态路由和默认路由技术的实训项目

1．项目引入

在由 3 台路由器所组成的简单网络中，路由器 R1 与 R3 各自连接一台主机，现在要求能够实现主机 PC1 与 PC2 之间的正常通信。

码 4-2 基于静态路由和默认路由技术的实训项目

2．目的要求

1）配置静态路由的方法（指定接口）。
2）配置静态路由的方法（指定下一跳的 IP 地址）。
3）测试静态路由的联通性。
4）测试默认路由的方法。
5）掌握简单的网络优化方法。

3．拓扑结构

本实训项目的网络拓扑如图 4-1 所示。

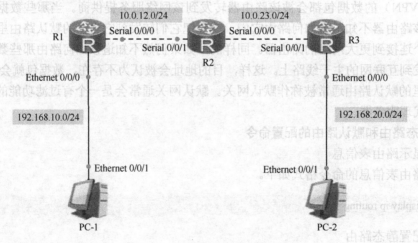

图 4-1　本实训项目的网络拓扑图

设备端口及对应地址见表 4-1。

表 4-1　设备端口及对应地址

设　备	端　口	IP 地址	子网掩码	默认网关
PC1	Ethernet 0/0/1	192.168.10.10	255.255.255.0	192.168.10.1
R1（AR2220）	Ethernet 0/0/0	192.168.10.1	255.255.255.0	N/A

（续）

设备	端口	IP地址	子网掩码	默认网关
R1（AR2220）	Serial 0/0/0	10.0.12.1	255.255.255.0	N/A
R2（AR2220）	Serial 0/0/1	10.0.12.2	255.255.255.0	N/A
	Serial 0/0/0	10.0.23.2	255.255.255.0	N/A
R3（AR2220）	Serial 0/0/1	10.0.23.3	255.255.255.0	N/A
	Ethernet 0/0/0	192.168.20.3	255.255.255.0	N/A
PC2	Ethernet 0/0/1	192.168.20.20	255.255.255.0	192.168.20.3

4．实训步骤
（1）基本配置

根据以上地址表进行相应的基本配置，并且使用 ping 命令检测各直连链路的连通性。

```
<R1>ping –c 1 192.168.10.10
Ping 192.168.10.10:56    data bytes,press CTRL_C to break
Reply from 192.168.10.10:bytes=56 Sequence=1 ttl=255 time=510 ms
---192.168.10.10 ping statistics---
1 packet(s) transmitted
1 packet(s) received
0.00% packet loss
Round-trip min/avg/max=510/510/510 ms
```

其余直连网段的连通性测试省略。

各直连链路间的 IP 连通性测试完成后，现尝试在主机 PC1 上直接 ping 主机 PC2。

```
PC>ping 192.168.20.20
Ping 192.168.20.20:32data bytes,Press Ctrl_C to break
Request timeout!
Request timeout!
Request timeout!
```

发现无法连通，这里要思考是什么导致它们无法连通。

首先假设主机 PC1 与 PC2 之间能正常连通，那么主机 A 将发送数据给某网关设备 R1，R1 收到后将根据数据包中的目的地址查看它的路由表，找到相应的目的网络的所在路由条目，并根据该条目的下一跳和出接口信息将该数据转发给下一台路由器 R2；R2 采用同样的步骤将数据转发给 R3。最后 R3 也采取这样的步骤将数据转发给与自己直连的主机 PC2。主机 PC2 在收到数据后，与主机 PC1 发送数据到 PC2 的过程一样，再发送相应的回应消息给 PC1。

在保证基本配置没有错误的情况下。首先查看主机 PC1 与其网关设备 R1 间能否正常通信，具体操作如下。

```
PC>ping 192.168.10.1
Ping 192.168.10.1:32data bytes,Press Ctrl_C to break
From192.168.10.1:bytes=32 seq=1 ttl=255 time=16 ms
```

From192.168.10.1:bytes=32 seq=2 ttl=255 time=16 ms
From192.168.10.1:bytes=32 seq=3 ttl=255 time=16 ms
From192.168.10.1:bytes=32 seq=4 ttl=255 time=16 ms
From192.168.10.1:bytes=32 seq=5 ttl=255 time<1 ms
---192.168.10.1 ping statistics---
1 packet(s) transmitted
1 packet(s) received
0.00% packet loss
Round-trip min/avg/max=0/15/31 ms

主机与网关之间通信正常,接下来检查网关设备 R1 上的路由表,具体操作如下。

```
<R1>display ip routing-table
Route Flags:R – relay,D –download to fib
------------------------------------------------------------
Routing Table:Rulic
Destinations :7        Routes:7
Destination/Mask   Proto    pre   Cost   Flags  NestHop       interface
10.0.12.0/24       Direct   0     0      D      10.0.12.2     Serial0/0/0
10.0.12.1/32       Direct   0     0      D      127.0.0.1     Serial0/0/0
10.0.12.2/24       Direct   0     0      D      10.0.12.2     Serial0/0/0
127.0.0.0/8        Direct   0     0      D      127.0.0.1     InLoopBack0
127.0.0.1/32       Direct   0     0      D      127.0.0.1     InLoopBack0
192.168.10.0/24    Direct   0     0      D      192.168.10.1  Ethernet0/0/0
192.168.10.1/32    Direct   0     0      D      127.0.0.1     Ethernet0/0/0
```

可以看出,在 R1 的路由表上,没有任何关于主机 PC2 所在网段的信息。可以使用同样的方法查看 R2 和 R3 的路由表,具体操作如下。

```
<R2>display ip routing-table
Route Flags:R – relay,D –download to fib
------------------------------------------------------------
Routing Table:Rulic
Destinations :8        Routes:8
Destination/Mask   Proto    pre   Cost   Flags  NestHop       interface
10.0.12.0/24       Direct   0     0      D      10.0.12.2     Serial0/0/1
10.0.12.1/32       Direct   0     0      D      10.0.12.1     Serial0/0/1
10.0.12.2/32       Direct   0     0      D      127.0.0.1     Serial0/0/1
10.0.23.0/24       Direct   0     0      D      10.0.23.2     Serial0/0/0
10.0.23.2/32       Direct   0     0      D      127.0.0.1     Serial0/0/0
10.0.23.3/32       Direct   0     0      D      10.0.23.3     Serial0/0/0
127.0.0.0/8        Direct   0     0      D      127.0.0.1     InLoopBack0
127.0.0.1/32       Direct   0     0      D      127.0.0.1     InLoopBack0

<R3>display ip routing-table
Route Flags:R – relay,D –download to fib
```

Routing Table:Rulic						
Destinations :7	Routes:7					
Destination/Mask	Proto	pre	Cost	Flags	NestHop	interface
10.0.23.0/24	Direct	0	0	D	10.0.23.3	Serial0/0/1
10.0.23.2/32	Direct	0	0	D	10.0.23.2	Serial0/0/1
10.0.23.3/32	Direct	0	0	D	127.0.0.1	Serial0/0/1
127.0.0.0/8	Direct	0	0	D	127.0.0.1	InLoopBack0
127.0.0.1/32	Direct	0	0	D	127.0.0.1	InLoopBack0
192.168.20.0/24	Direct	0	0	D	192.168.20.3	Ethernet0/0/0
192.168.20.3/32	Direct	0	0	D	127.0.0.1	Ethernet0/0/0\

可以看到，在 R2 上没有任何关于主机 PC1 和 PC2 所在网段的信息，R3 没有任何关于主机 PC1 所在网段的信息，验证了初始情况下各路由器的路由表上仅包括了与自身直接相连的网段的路由信息。

现在主机 PC1 和 PC2 之间跨越了若干个不同的网段，要实现它们之间的通信，只通过简单的 IP 地址等基本配置是无法实现的，必须在 3 台路由器上添加相应的路由信息，可以通过配置静态路由来实现。

配置静态路由有两种方法，一种是在配置中采取指定下一跳 IP 地址的方式，另一种是指定端口的方式。

（2）实现主机 PC1 与 PC2 之间的通信

在 R1 上配置目的网段为主机 PC2 所在网段的静态路由，即目的 IP 地址为 192.168.20.0，掩码为 255.255.255.0。对于 R1 而言，要发送数据到主机 PC2，则必须先发送给 R2，所以 R2 即为 R1 的下一跳路由器，R2 与 R1 所在的直连链路上的物理端口的 IP 地址也就是下一跳 IP 地址，即 10.0.12.2，具体操作如下。

[R1]ip route-static 192.168.20.0 255.255.255.0 10.0.12.2

配置完成后，查看 R1 上的路由表，具体操作如下。

<R1>display ip routing-table
Route Flags:R – relay,D –download to fib

Routing Table:Rulic						
Destinations :8	Routes:8					
Destination/Mask	Proto	pre	Cost	Flags	NestHop	interface
10.0.12.0/24	Direct	0	0	D	10.0.12.2	Serial0/0/0
10.0.12.1/32	Direct	0	0	D	127.0.0.1	Serial0/0/0
10.0.12.2/24	Direct	0	0	D	10.0.12.2	Serial0/0/0
127.0.0.0/8	Direct	0	0	D	127.0.0.1	InLoopBack0
127.0.0.1/32	Direct	0	0	D	127.0.0.1	InLoopBack0
192.168.10.0/24	Direct	0	0	D	192.168.10.1	Ethernet0/0/0
192.168.10.1/32	Direct	0	0	D	127.0.0.1	Ethernet0/0/0
192.168.20.0/24	Static	60	0	RD	10.0.12.2	Serial0/0/0

配置完成后，可以在 R1 的路由表上查看到主机 PC2 所在网段的静态路由信息。

采取同样的方式在 R2 上配置目的网段为 PC2 所在网段的静态路由。

[R2]ip route-static 192.168.20.0 255.255.255.0 10.0.23.3

配置完成后，查看 R2 的路由表，具体操作如下。

```
<R2>display ip routing-table
Route Flags:R – relay,D –download to fib
——————————————————————————————————————
Routing Table:Rulic
Destinations :9         Routes:9
Destination/Mask   Proto    pre   Cost   Flags  NestHop     interface
10.0.12.0/24       Direct    0    0      D      10.0.12.2   Serial0/0/1
10.0.12.1/32       Direct    0    0      D      10.0.12.1   Serial0/0/1
10.0.12.2/32       Direct    0    0      D      127.0.0.1   Serial0/0/1
10.0.23.0/24       Direct    0    0      D      10.0.23.2   Serial0/0/0
10.0.23.2/32       Direct    0    0      D      127.0.0.1   Serial0/0/0
10.0.23.3/32       Direct    0    0      D      10.0.23.3   Serial0/0/0
127.0.0.0/8        Direct    0    0      D      127.0.0.1   InLoopBack0
127.0.0.1/32       Direct    0    0      D      127.0.0.1   InLoopBack0
192.168.20.0/24    Static    60   0      RD     10.0.23.3   Serial0/0/0
```

配置完成后，可以在 R2 的路由表上查看到主机 PC2 所在网段的静态路由信息。
此时在主机 PC1 上 Ping 主机 PC2，具体操作如下。

```
PC>ping 192.168.20.20
Ping 192.168.20.20:32data bytes, Press Ctrl_C to break
Request timeout!
Request timeout!
Request timeout!
Request timeout!
```

此时发现仍然无法连接。在主机 PC1 的 Ethernet 0/0/1 接口上进行数据抓包。此时主机 PC1 仅发送了 ICMP（Internet 控制报文协议）请求消息，并没有收到任何回应信息。原因在于，现在仅仅实现了 PC1 能够通过路由将数据正常发送给 PC2，而 PC2 仍然无法发送数据给 PC1，所以同样需要在 R2 和 R3 的路由表上添加 PC1 所在的路由信息。

在 R3 上配置目的网段为 PC1 所在网段的静态路由，即目的 IP 地址为 192.168.10.0，目的地址的掩码除了可以采用点分十进制的格式表示外，还可以直接使用掩码长度（即 24）来表示。对于 R3 而言，要发送数据到 PC1，则必须先发送给 R2，所以 R3 与 R2 所在直连链路上的物理端口 Serial 0/0/1 为数据转发端口，也称为出端口，在配置中指定该端口即可，具体操作如下。

[R3]ip route-static 192.168.10.0 24 Serial 0/0/1

采用同样的方式在 R2 上配置目的网段为 PC1 所在网段的静态路由，具体操作如下。

[R2]ip route-static 192.168.10.0 24 Serial 0/0/1

配置完成后，查看 R1、R2、R3 的路由表，具体操作如下。

```
<R1>display ip routing-table
Route Flags:R – relay,D –download to fib
_____

Routing Table:Rulic
Destinations :8         Routes:8
Destination/Mask   Proto    pre   Cost   Flags  NestHop       interface
10.0.12.0/24       Direct   0     0      D      10.0.12.2     Serial0/0/0
10.0.12.1/32       Direct   0     0      D      127.0.0.1     Serial0/0/0
10.0.12.2/24       Direct   0     0      D      10.0.12.2     Serial0/0/0
127.0.0.0/8        Direct   0     0      D      127.0.0.1     InLoopBack0
127.0.0.1/32       Direct   0     0      D      127.0.0.1     InLoopBack0
192.168.10.0/24    Direct   0     0      D      192.168.10.1  Ethernet0/0/0
192.168.10.1/32    Direct   0     0      D      127.0.0.1     Ethernet0/0/0
192.168.20.0/24    Static   60    0      RD     10.0.12.2     Serial0/0/0
<R2>display ip routing-table
Route Flags:R – relay,D –download to fib
_____

Routing Table:Rulic
Destinations :10         Routes:10
Destination/Mask   Proto    pre   Cost   Flags  NestHop       interface
10.0.12.0/24       Direct   0     0      D      10.0.12.2     Serial0/0/1
10.0.12.1/32       Direct   0     0      D      10.0.12.1     Serial0/0/1
10.0.12.2/32       Direct   0     0      D      127.0.0.1     Serial0/0/1
10.0.23.0/24       Direct   0     0      D      10.0.23.2     Serial0/0/0
10.0.23.2/32       Direct   0     0      D      127.0.0.1     Serial0/0/0
10.0.23.3/32       Direct   0     0      D      10.0.23.3     Serial0/0/0
127.0.0.0/8        Direct   0     0      D      127.0.0.1     InLoopBack0
127.0.0.1/32       Direct   0     0      D      127.0.0.1     InLoopBack0
192.168.10.0/24    Static   60    0      D      10.0.12.1     Serial0/0/1
192.168.20.0/24    Static   60    0      RD     10.0.23.3     Serial0/0/0
<R3>display ip routing-table
Route Flags:R – relay,D –download to fib
_____

Routing Table:Rulic
Destinations :8         Routes:8
Destination/Mask Proto    pre   Cost   Flags  NestHop       interface
10.0.23.0/24       Direct   0     0      D      10.0.23.2     Serial0/0/1
10.0.23.2/32       Direct   0     0      D      10.0.23.2     Serial0/0/1
10.0.23.3/32       Direct   0     0      D      127.0.0.1     Serial0/0/1
127.0.0.0/8        Direct   0     0      D      127.0.0.1     InLoopBack0
127.0.0.1/32       Direct   0     0      D      127.0.0.1     InLoopBack0
192.168.10.0/32    Static   60    0      D      10.0.23.2     Serial0/0/1
192.168.20.0/24    Direct   0     0      D      192.168.20.3  Ethernet0/0/0
```

```
                192.168.20.3/32   Direct   0   0   D   127.0.0.1   Ethernet0/0/0
```

可以看出，现在每台路由器上都拥有了主机 PC1 和 PC2 所在网段的路由信息。再在主机 PC1 上 ping 主机 PC2，具体操作如下。

```
PC>ping 192.168.20.20
Ping 192.168.20.20:32data bytes,Press Ctrl_C to break
From192.168.20.20:bytes=32 seq=1 ttl=125 time=78ms
From192.168.20.20:bytes=32 seq=2 ttl=125 time=47ms
From192.168.20.20:bytes=32 seq=3 ttl=125 time=47 ms
From192.168.20.20:bytes=32 seq=4 ttl=125 time=62ms
From192.168.20.20:bytes=32 seq=5 ttl=125 time=63 ms
----192.168.20.20 ping statistics----
   5 packet(s) transmitted
   5 packet(s) received
   0.00% packet loss
   Round-trip min/avg/max=47/59/78 ms
```

此时可以联通，即现在已经实现了主机 PC1 与 PC2 之间的正常通信。

（3）使用默认路由来实现简单的网络优化

适当减少设备上的配置工作量，能够帮助网络管理员在进行故障排除时更加轻松地定位故障，且相对较少的配置量也能减少配置时出错的可能，还能够减少设备本身硬件的负担。

默认路由是一种特殊的静态路由，使用默认路由可以简化路由器上的配置。

查看此时 R1 上的路由表，具体操作如下。

```
<R1>display ip routing-table
Route Flags:R -- relay,D -download to fib
_____
Routing Table:Rulic
Destinations :9            Routes:9
Destination/Mask   Proto    pre    Cost    Flags NestHop     interface
10.0.12.0/24       Direct   0      0       D     10.0.12.2   Serial0/0/0
10.0.12.1/32       Direct   0      0       D     127.0.0.1   Serial0/0/0
10.0.12.2/24       Direct   0      0       D     10.0.12.2   Serial0/0/0
10.0.23.0/24       Static   60     0       RD    10.0.12.2   Serial0/0/0
127.0.0.0/8        Direct   0      0       D     127.0.0.1   InLoopBack0
127.0.0.1/32       Direct   0      0       D     127.0.0.1   InLoopBack0
192.168.10.0/24    Direct   0      0       D     192.168.10.1 Ethernet0/0/0
192.168.10.1/32    Direct   0      0       D     127.0.0.1   Ethernet0/0/0
192.168.20.0/24    Static   60     0       RD    10.0.12.2   Serial0/0/0
```

此时，R1 上存在两条先前经过手动配置的静态路由条目，且它们的下一跳都一致。

现在在 R1 上配置一条默认路由，即目的网段和子网掩码全为 0，表示任何网络，下一跳为 10.0.12.2，并删除先前配置的两条静态路由，具体操作如下。

```
[R1]ip route-static 0.0.0.0 0 10.0.12.2
```

[R1]undo ip route-static 10.0.23.0 255.255.255.0 10.0.12.2
[R1]undo ip route-static 192.168.20.0 255.255.255.0 10.0.12.2

配置完成后查看 R1 的路由表，具体操作如下。

```
<R1>display ip routing-table
Route Flags:R – relay,D –download to fib
————————————————————————————————————————————————
Routing Table:Rulic
Destinations :8        Routes:8
Destination/Mask    Proto    pre    Cost    Flags   NestHop        interface
0.0.0.0/0           Static   60     0       RD      10.0.12.2      Serial0/0/0
10.0.12.0/24        Direct   0      0       D       10.0.12.2      Serial0/0/0
10.0.12.1/32        Direct   0      0       D       127.0.0.1      Serial0/0/0
10.0.12.2/24        Direct   0      0       D       10.0.12.2      Serial0/0/0
127.0.0.0/8         Direct   0      0       D       127.0.0.1      InLoopBack0
127.0.0.1/32        Direct   0      0       D       127.0.0.1      InLoopBack0
192.168.10.0/24     Direct   0      0       D       192.168.10.1   Ethernet0/0/0
192.168.10.1/32     Direct   0      0       D       127.0.0.1      Ethernet0/0/0
```

再测试主机 PC1 与 PC2 间的通信，具体操作如下。

```
PC>ping 192.168.20.20
Ping 192.168.20.20:32data bytes,Press Ctrl_C to break
From192.168.20.20:bytes=32 seq=1 ttl=125 time=63ms
From192.168.20.20:bytes=32 seq=2 ttl=125 time=47ms
From192.168.20.20:bytes=32 seq=3 ttl=125 time=31 ms
From192.168.20.20:bytes=32 seq=4 ttl=125 time=47ms
From192.168.20.20:bytes=32 seq=5 ttl=125 time=47 ms
----192.168.20.20 ping statistics----
  5 packet(s) transmitted
  5 packet(s) received
  0.00% packet loss
  Round-trip min/avg/max=31/47/63 ms
```

发现主机 PC1 与 PC2 间的通信正常，证明使用默认路由不但能够实现与静态路由同样的效果，而且还能够减少配置量。在 R3 上可以进行同样的配置，具体操作如下。

```
[R3]ip route-static 0.0.0.0 0 Serial 0/0/1
[R3]undo ip route-static 10.0.12.0 255.255.255.0 Serial 0/0/1
[R3]undo ip route-static 192.168.10.0 255.255.255.0 Serial 0/0/1
```

再次测试主机 PC1 与 PC2 之间的通信，具体操作如下。

```
PC > ping 192.168.20.20
Ping 192.168.20.20:32data bytes,Press Ctrl_C to break
From192.168.20.20:bytes=32 seq=1 ttl=125 time=78 ms
From192.168.20.20:bytes=32 seq=2 ttl=125 time=62 ms
```

```
From192.168.20.20:bytes=32 seq=3 ttl=125 time=47 ms
From192.168.20.20:bytes=32 seq=4 ttl=125 time=78 ms
From192.168.20.20:bytes=32 seq=5 ttl=125 time=62 ms
----192.168.20.20 ping statistics----
5 packet(s) transmitted
5 packet(s) received
0.00% packet loss
Round-trip min/avg/max=47/65/78 ms
```

4.2 路由信息协议

4.2.1 路由信息协议概述

码 4-3　路由信息协议（RIP）

RIP（路由信息协议）是用来计算、维护路由信息的协议。路由协议通常采用一定的算法，以产生路由，并用一定的方法来确定路由的有效性以维护路由。

RIP 是路由器生产商之间使用的第一个开放标准，是最广泛的路由协议，在所有 IP 路由平台上都可以得到。当使用 RIP 时，一台 Cisco 路由器可以与其他厂商的路由器连接。RIP 主要包含的特征：RIP 是一种距离矢量路由协议；RIP 使用跳数作为路径选择的唯一度量；将跳数超过 15 的路由通告为不可达；每 30s 广播一次消息。

RIP 的算法简单，但在路径较多时收敛速度慢，广播路由信息时占用的带宽资源较多。它适用于网络拓扑结构相对简单且数据链路故障率极低的小型网络中。在大型网络中，一般不使用 RIP。

4.2.2 RIP 的原理

RIP 是距离向量（Distance Vector，V-D）算法在局域网上的直接实现，RIP 将协议的参加者分为主动机和被动机两种。主动机主动地向外广播路径刷新报文，被动机被动地接收路径刷新报文。一般情况下，网关作为主动机，主机作为被动机。

RIP 规定，网关每 30s 向外广播一个 V-D 报文，报文信息来自本地路由表。RIP 的 V-D 报文中，其距离以驿站计：与信宿网络直接相连的网关规定为一个驿站，相隔一个网关则为两个驿站，以此类推。一条路径的距离为该路径（从信源机到信宿机）上的网关数。为防止寻径回路的长期存在，RIP 规定，长度为 16 的路径为无限长路径，即不存在路径。所以一条有限的路径长度不得超过 15。正是这一规定限制了 RIP 的使用范围，使 RIP 局限于小型的局域网点中。

对于相同开销路径的处理是采用先入为主的原则。在具体的应用中，可能会出现这种情况，去往相同网络有若干条相同距离的路径。在这种情况下，哪个网关的路径广播报文先到，就采用谁的路径，直到该路径失败或被新的更短的路径来代替。

RIP 对过时路径的处理是采用了两个计时器：超时计时器和垃圾收集计时器。所有机器对路由表中的每个项目都设置两个计时器，每增加一个新表，就相应地增加两个计时器。当新的路由被安装到路由表中时，超时计时器被初始化为 0，并开始计数。每当收到包含路由的 RIP 消息时，超时计时器就被重新设置为 0。如果在 180s 内没有接收到包含该路由的 RIP 消息，则该路由的度量就被设置为 16，而启动该路由的垃圾收集计时器。如果 120s 过去了，也没有收到该路由的 RIP 消息，则该路由就从路由表中删除。如果在 120s 之前，垃圾收集计时器收到了包含路由的消息，则计时器被清 0，而路由被安装到路由表中。

包括 RIP 在内的 V-D 算法有一个严重的缺陷，即"慢收敛"问题，又叫"计数到无穷"。如果出现环路，直到路径长度达到 16，也就是说要经过 7 番来回（至少 210s），路径回路才能被解除，这就是所谓的"慢收敛"问题。解决慢收敛的方法有很多种，主要采用有分割范围法和带触发更新的毒性逆转法。

分割范围法的原理是当网关从某个网络接口发送 RIP 路径刷新报文时，其中不能包含从该接口获得的路径信息。毒性逆转法的原理是某路径崩溃后，最早广播此路径的网关将原路径继续保存在若干刷新报文中，但是指明路径为无限长。为了加强毒性逆转的效果，最好同时使用触发更新技术。触发更新技术的原理是一旦检测到路径崩溃，立即广播路径刷新报文，而不必等待下一个广播周期。

4.2.3 RIP 的运行

RIP 使用 UDP 数据包更新路由信息。路由器每隔 30s 更新一次路由信息，如果在 180s 内没有收到相邻路由器的回应，则认为去往该路由器的路由不可用，该路由器不可到达。如果在 240s 后仍未收到该路由器的应答，则把有关该路由器的路由信息从路由表中删除。

网关刚启动时，路由器运行 V-D 算法，对 V-D 路由表进行初始化，为每一个和它直接相连的实体建一个表目，并设置目的 IP 地址，距离为 1（这里的 RIP 和 V-D 略有不同），下一站的 IP 为 0，还要为这个表目设置两个计时器（超时计时器和垃圾收集计时器）。每隔 30s 就向它相邻的实体广播路由表的内容。相邻的实体收到广播时，在对广播的内容进行细节上的处理之前，对广播的数据包进行检查。因为广播的内容可能引起路由表的更新，所以这种检查是细致的。首先检查报文是否来自端口 520 的 UDP 数据包，如果不是，则丢弃；如果是，则看 RIP 报文的版本号。如果版本号为 0，则这个报文就被忽略；如果版本号为 1，则检查必须为 0 的字段，如果不为 0，则忽略该报文；如果大于 1，则 RIP-1 就不对必须为 0 的字段检查。之后对源 IP 地址进行检查，看它是否来自直接相连的邻居。如果不是来自直接邻居，则报文被忽略。如果上面的检查都是有效的，则对广播的内容进行逐项的处理。看它的度量值是否大于 15，如果是，则忽略该报文（实际上，如果来自相邻网关的广播，这是不可能的）。接下来检查地址族的内容，如果不为 2，则忽略该报文。最后更新自己的路由表，并为每个表目设置两个计时器，初始化其为 0。这样所有的网关都每隔 30s 向外广播自己的路由表，相邻的网关和主机收到广播后更新自己的路由表。直到每个实体的路由表都包含所有实体的寻径信息。如果某条路由突然断了，或者是其度量值大于 15，与其直接相邻的网关采用分割范围或触发更新的方法向外广播该信息，其他的实体在两个计时器溢出的情况下将该路由从路由表中删除。如果某个网关发现了一条更好的路径，则它也向外广播，与该路由相关的每个实体都要更新自己的路由表的内容。

为了更好地理解 RIP 的运行，下面以图 4-2 所示为例来讨论图中各个路由器中的路由表是怎样建立起来的。

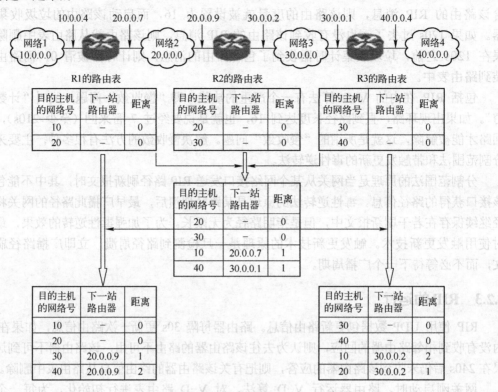

图 4-2 路由表的建立

在一开始，所有路由器中的路由表只有路由器所接入的网络（共有两个网络）的情况。现在的路由表增加了一列，这就是从该路由表到目的网络上的路由器的"距离"。在图 4-2 中，"下一站路由器"列中的符号"—"表示直接交付。这是因为路由器和同一网络上的主机可直接通信，而不需要再经过别的路由器进行转发。同理，到目的网络的距离也都是 0，因为需要经过的路由器数为 0。图中空心箭头表示路由表的更新，细的箭头表示更新路由表要用到相邻路由表传送过来的信息。

接着，各路由器都向其相邻路由器广播 RIP 报文，这实际上就是广播路由表中的信息。

假定路由器 R2 先收到了路由器 R1 和 R3 的路由信息，然后就更新自己的路由表。更新后的路由表再发送给路由器 R1 和 R3。路由器 R1 和 R3 分别再进行更新。

RIP 存在的一个问题是，当网络出现故障时，要经过比较长的时间才能将此信息传送到所有的路由器。以图 4-2 为例，设 3 个路由器都已经建立了各自的路由表，现在路由器 R1 和网络 1 的连接线路断开。路由器 R1 发现后，将到网络 1 的距离改为 16，并将此信息发给路由器 R2。由于路由器 R3 发给 R2 的信息是"到网络 1 经过 R2 的距离为 2"，于是 R2 将此项目更新为"到网络 1 经过 R3 的距离为 3"，发给 R3。R3 再发给 R2 信息："到网络 1 经过 R2 的距离为 4"。这样一直到距离增大到 16 时，R2 和 R3 才知道网络 1 是不可达的。RIP 的这一特点叫作好消息传播得快，而坏消息传播得慢。这种网络出故障的传播时间往往需要较长的时间，这是 RIP 的一个主要缺点。

4.2.4 RIP 的消息格式及配置命令

RIP 有两个版本：RIPv1 和 RIPv2。它们均基于经典的距离向量路由算法，最大跳数为 15 跳。

RIPv1 是有类路由协议，因为路由上不包括掩码信息，所以网络上的所有设备必须使用相同的子网掩码，不支持 VLSM。RIPv2 可发送子网掩码信息，是无类路由协议，除了广播外，还支持多播，也支持可变长子网掩码（VLSM）。与 RIPv1 相比，RIPv2 有以下优势。

1）支持路由标记，在路由策略中可根据路由标记对路由进行灵活的控制。

2）报文中携带掩码信息，支持路由聚合和 CIDR（Classless Inter-Domain Routing，无类域间路由）。

3）支持指定下一跳，在广播网上可以选择到最优下一跳的地址。

4）支持多播路由发送更新报文，减少资源消耗。RIPv2 有两种报文传送方式：广播方式和多播方式。默认采用多播方式发送报文，使用的多播地址为 224.0.0.9。当接口运行 RIPv2 广播方式时，也可接收 RIPv1 的报文。

5）支持对协议报文进行验证，并提供明文验证和 MD5 验证两种方式，增强了安全性。

1. RIP 的消息格式

RIP 消息的数据部分封装在 UDP（User Datagram Protocol，用户数据报协议）数据段内，其源端口号和目的端口号都被设置为 520。在消息从所有配置了 RIP 的接口发送出去之前，IP 报头和数据链路报头会加入广播地址作为目的地址。RIP 报头长度为 4B：第一个字节为"命令"字段；第二个字节为"版本"字段；最后两个字节必须被标记为零，该字段主要用于为协议将来的扩展预留空间。

RIP 消息格式如图 4-3 所示。

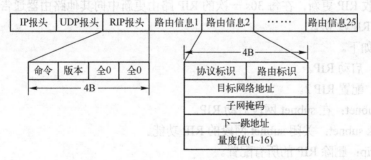

图 4-3 RIP 消息格式

具体说明如下。

1）数据报文最大为 512B，其中，每条路由的 IP 报头、UDP 报头、RIP 报头分别占 4B；每条路由条目占 4B，最大可以包含 25 个路由条目。

2）命令（Command）：取值为 1 和 2，1 表示请求信息，2 表示响应消息。

3）版本（Version）：对于 RIPv2，该字段值为 2。

4）协议标识（Address Family Indentifier，AFI）：对于 IP，该项设置为 2，当消息是对路由器（或主机）整个路由选择表的请求时，这个字段将被设置为 0。

5）路由标识：提供这个字段来标记外部路由或重分配到 RIPv2 协议中的路由。默认情况是，使用这个 16 位的字段来携带外部路由选择协议并将其注入到 RIP 中的路由的自主系统号。虽然 RIP 自己并不使用这个字段，但是在多个地点和某个 RIP 域相连的外部路由处，可能需要使用这个路由标记字段通过 RIP 域来交换路由信息。这个字段也可以用来把外部路由编成"组"，以便于在 RIP 域中更容易地控制这些路由。

6）目标网络地址 Address：路由条目的目的地址，它可以是主网络地址、子网地址或主机路由。

7）子网掩码（Subnet Mask）：是一个确认 IP 地址的网络和子网部分的 32 位的掩码。

8）下一跳（Next Hop）地址：如果存在，则它标识一个比通告路由器更好的下一跳地址。也就是说，它指出的下一跳地址的度量值比同一个子网上的通告路由器更靠近目的地。如果这个字段设置为全 0（0.0.0.0），则说明通告路由器的地址就是最好的下一跳地址。

9）度量（Metric）值：是一个 1～16 之间的跳数。

2．RIPv1 协议的配置

（1）启动 RIPv1 协议

主要命令如下。

router rip：进入 RIP 路由协议。

network subnet：在 subnet 网段启动 RIP。

no network subnet：关闭 subnet 网段的 RIP 功能。

no router rip：删除 RIP 的所有配置。

注意，RIPv1 是不支持 VLSM（可变长子网掩码）的。如果在 network 输入的是 VLSM 的地址，则它会自动转为有类的网络地址。

其中，network 命令的作用是在属于某个指定网络的所有端口上启用 RIP，相关端口将开始发送和接收 RIP 更新，在每 30s 一次的 RIP 路由更新中向其他路由器通告该指定网络。

（2）启动 RIPv2 协议

主要命令如下。

router rip：启动 RIP。

version 2：配置 RIP 2。

network subnet：在 subnet 网段启动 RIP。

no network subnet：关闭 subnet 网段的 RIP 功能。

no router rip：删除 RIP 的所有配置。

可以在路由器配置模式下输入命令"no version"，恢复到原来的默认方式。

RIP 路由自动汇总功能是指当子网路由穿越有类网络边界时，将自动汇总成有类路由。例如，172.16.1.0 和 172.16.2.0 是自然分类网络 172.16.0.0 的两个子网，当没有关闭路由自动汇总功能时，这两个子网都将汇总成 172.16.0.0 网络，在路由表中看不到 172.16.1.0 和 172.16.2.0 子网路由信息。默认情况下，RIPv2 将进行路由自动汇总，RIPv1 不支持关闭路由自动汇总功能。为了关闭路由自动汇总功能以允许被通告的子网通过主网络的边界，可以在 RIP 的处理中使用 no auto-summary。

```
router(config)#router rip
```

router(config-router)#version 2
router(config-router)#no auto-summary

（3）主要验证命令

show ip protocols：查看是否有用户宣告的网段。

show ip interface brief：查看接口是否双 UP。

show ip route：检验从 RIP 邻居处接收的路由是否已添加到路由表中。

show ip route 输出的路由表含义如下。

例如，R   192.168.5.0/24   [120/2]   via   192.168.2.2, 00:00:23, Serial0/0/0

R 的意思是 RIP；192.168.5.0/24 是目的网络；120 是 A-D 管理距离；2 是度量值，因为 RIP 把条数作为度量值，所以就是 2 跳的意思；192.168.2.2 是下一跳的地址；"00:00:23" 表示距离上一次更新的时间。

（4）停止不需要的 RIP 更新

不必要的 RIP 更新会影响网络性能，在 LAN 上发送不需要的更新会在以下 3 个方面对网络造成影响。

1）带宽浪费在传输不必要的更新上。因为 RIP 更新是广播，所以交换机将向所有端口转发更新。

2）LAN 上的所有设备都必须逐层处理更新，直到传输层后接收设备才会丢弃更新。

3）在广播网络上通告更新会带来严重的风险。RIP 更新可能会被数据包嗅探软件中途截取。路由更新可能会被修改并重新发回该路由器，从而导致路由表根据错误度量值误导流量。

使用 passive-interface 命令，该命令可以阻止路由更新通过某个路由器接口传输，但仍然允许向其他路由器通告该网络。配置的方法如下。

passive-interface interface-type interface-number

4.2.5 基于 RIP 的实训项目

1．实训拓扑

实训拓扑图如图 4-4 所示。

码 4-4 基于 RIP 的实训项目

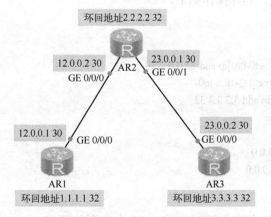

图 4-4 实训拓扑图

2．目的要求

使用动态路由协议 RIPv1 使全网互通。在 R1、R3 上加环回路由 172.16.0.1/24 和 172.16.1.1/24，用 RIPv2 使全网互通。

3．实训步骤

（1）使用动态路由协议 RIPV1 使全网互通

1）在 R1 上的配置，具体操作如下。

```
[Huawei]sysname R1                          //改名称为 R1
[R1] interface GigabitEthernet 0/0/0        //进入万兆以太网端口
[R1-GigabitEthernet 0/0/0]ip add 12.0.0.1 30   //添加 IP 地址
[R1-GigabitEthernet 0/0/0]int lo 0          //进入环回状态
[R1-LoopBack0]ip add 1.1.1.1 32
[R1-LoopBack0]q                             //退到上一个模式
[R1]rip                                     //进 RIP
[R1-rip-1]net 1.0.0.0                       //使用 network+网络号告知自己的网段
[R1-rip-1]net 12.0.0.0
```

2）在 R2 上的配置，具体操作如下。

```
[Huawei]sys R2
[R2]int g0/0/0
[R2-GigabitEthernet0/0/0]ip add 12.0.0.2 30
[R2-GigabitEthernet0/0/0]int lo0
[R2-LoopBack0]ip add 2.2.2.2 32
[R2-LoopBack0] int g0/0/1
[R2-GigabitEthernet0/0/1]ip add 23.0.0.1 30
[R2-GigabitEthernet0/0/1]
[R2]riP
[R2-rip-1]net 12.0.0.0
[R2-rip-1]net 2.0.0.0
[R2-rip-1]net 23.0.0.0
```

3）在 R3 上的配置，具体操作如下。

```
[Huawei]sysR3
[R3] int g0/0/0
[R3-GigabitEthernet0/0/0]ip add 23.0.0.2 30
[R3-GigabitEthernet0/0/0]int lo0
[R3-LoopBack0]ip add 3.3.3.3 32
[R3-LoopBack0]q
[R3]rip
[R3-rip-1]net 3.0.0.0
[R3-rip-1]net 23.0.0.0
```

查看配置结果。

图 4-5～图 4-7 表示在路由器 R1、R2、R3 上分别使用 dis ip interface brief 查看各接口

状态的结果。

```
[R1]dis ip interface brief
*down: administratively down
^down: standby
(l): loopback
(s): spoofing
The number of interface that is UP in Physical is 3
The number of interface that is DOWN in Physical is 2
The number of interface that is UP in Protocol is 3
The number of interface that is DOWN in Protocol is 2

Interface                  IP Address/Mask      Physical    Protocol
GigabitEthernet0/0/0       12.0.0.1/30          up          up
GigabitEthernet0/0/1       unassigned           down        down
GigabitEthernet0/0/2       unassigned           down        down
LoopBack0                  1.1.1.1/32           up          up(s)
NULL0                      unassigned           up          up(s)
[R1]
```

图 4-5 R1 显示端口状态

```
[R2]dis ip int b
*down: administratively down
^down: standby
(l): loopback
(s): spoofing
The number of interface that is UP in Physical is 4
The number of interface that is DOWN in Physical is 1
The number of interface that is UP in Protocol is 4
The number of interface that is DOWN in Protocol is 1

Interface                  IP Address/Mask      Physical    Protocol
GigabitEthernet0/0/0       12.0.0.2/30          up          up
GigabitEthernet0/0/1       23.0.0.1/30          up          up
GigabitEthernet0/0/2       unassigned           down        down
LoopBack0                  2.2.2.2/32           up          up(s)
NULL0                      unassigned           up          up(s)
```

图 4-6 R2 端口状态

```
[R3]dis ip int b
*down: administratively down
^down: standby
(l): loopback
(s): spoofing
The number of interface that is UP in Physical is 3
The number of interface that is DOWN in Physical is 2
The number of interface that is UP in Protocol is 3
The number of interface that is DOWN in Protocol is 2

Interface                  IP Address/Mask      Physical    Protocol
GigabitEthernet0/0/0       23.0.0.2/30          up          up
GigabitEthernet0/0/1       unassigned           down        down
GigabitEthernet0/0/2       unassigned           down        down
LoopBack0                  3.3.3.3/32           up          up(s)
NULL0                      unassigned           up          up(s)
```

图 4-7 R3 端口状态

图 4-8 和图 4-9 表示在路由器 R1、R2 上分别使用 dis ip routing-table 查看路由表的结果。

在上述两个路由表中，Pre 表示优先级，这里 RIP 默认是 100，数字越小越优先，Cost 表示到达网段所经过的跳数，最大到 15 跳。

4）验证需求，在 R1 上 Ping R3 的环回地址 3.3.3.3 和 R2 的环回地址 2.2.2.2 来验证网络，如图 4-10 所示。

```
[R1]dis ip routing-table
Route Flags: R - relay, D - download to fib
------------------------------------------------------------------------------
Routing Tables: Public
         Destinations : 11       Routes : 11

Destination/Mask    Proto   Pre  Cost      Flags NextHop         Interface

        1.1.1.1/32  Direct  0    0           D   127.0.0.1       LoopBack0
        2.0.0.0/8   RIP     100  1           D   12.0.0.2        GigabitEthernet0
/0/0
        3.0.0.0/8   RIP     100  2           D   12.0.0.2        GigabitEthernet0
/0/0
       12.0.0.0/30  Direct  0    0           D   12.0.0.1        GigabitEthernet0
/0/0
       12.0.0.1/32  Direct  0    0           D   127.0.0.1       GigabitEthernet0
/0/0
       12.0.0.3/32  Direct  0    0           D   127.0.0.1       GigabitEthernet0
/0/0
       23.0.0.0/8   RIP     100  1           D   12.0.0.2        GigabitEthernet0
/0/0
      127.0.0.0/8   Direct  0    0           D   127.0.0.1       InLoopBack0
      127.0.0.1/32  Direct  0    0           D   127.0.0.1       InLoopBack0
127.255.255.255/32  Direct  0    0           D   127.0.0.1       InLoopBack0
255.255.255.255/32  Direct  0    0           D   127.0.0.1       InLoopBack0
```

图 4-8　R1 路由表

```
[R2]dis ip routing-table
Route Flags: R - relay, D - download to fib
------------------------------------------------------------------------------
Routing Tables: Public
         Destinations : 13       Routes : 13

Destination/Mask    Proto   Pre  Cost      Flags NextHop         Interface

        1.0.0.0/8   RIP     100  1           D   12.0.0.1        GigabitEthernet0
/0/0
        2.2.2.2/32  Direct  0    0           D   127.0.0.1       LoopBack0
        3.0.0.0/8   RIP     100  1           D   23.0.0.2        GigabitEthernet0
/0/1
       12.0.0.0/30  Direct  0    0           D   12.0.0.2        GigabitEthernet0
/0/0
       12.0.0.2/32  Direct  0    0           D   127.0.0.1       GigabitEthernet0
/0/0
       12.0.0.3/32  Direct  0    0           D   127.0.0.1       GigabitEthernet0
/0/0
       23.0.0.0/30  Direct  0    0           D   23.0.0.1        GigabitEthernet0
/0/1
       23.0.0.1/32  Direct  0    0           D   127.0.0.1       GigabitEthernet0
/0/1
       23.0.0.3/32  Direct  0    0           D   127.0.0.1       GigabitEthernet0
/0/1
      127.0.0.0/8   Direct  0    0           D   127.0.0.1       InLoopBack0
      127.0.0.1/32  Direct  0    0           D   127.0.0.1       InLoopBack0
127.255.255.255/32  Direct  0    0           D   127.0.0.1       InLoopBack0
255.255.255.255/32  Direct  0    0           D   127.0.0.1       InLoopBack0
```

图 4-9　R2 路由表

```
AR1
AR2 | AR1 | AR3
<R1>
<R1>ping 2.2.2.2
  PING 2.2.2.2: 56  data bytes, press CTRL_C to break
    Reply from 2.2.2.2: bytes=56 Sequence=1 ttl=255 time=10 ms
    Reply from 2.2.2.2: bytes=56 Sequence=2 ttl=255 time=20 ms
    Reply from 2.2.2.2: bytes=56 Sequence=3 ttl=255 time=10 ms
    Reply from 2.2.2.2: bytes=56 Sequence=4 ttl=255 time=10 ms
    Reply from 2.2.2.2: bytes=56 Sequence=5 ttl=255 time=10 ms

  --- 2.2.2.2 ping statistics ---
    5 packet(s) transmitted
    5 packet(s) received
    0.00% packet loss
    round-trip min/avg/max = 10/12/20 ms

<R1>ping 3.3.3.3
  PING 3.3.3.3: 56  data bytes, press CTRL_C to break
    Reply from 3.3.3.3: bytes=56 Sequence=1 ttl=254 time=20 ms
    Reply from 3.3.3.3: bytes=56 Sequence=2 ttl=254 time=20 ms
    Reply from 3.3.3.3: bytes=56 Sequence=3 ttl=254 time=20 ms
    Reply from 3.3.3.3: bytes=56 Sequence=4 ttl=254 time=10 ms
    Reply from 3.3.3.3: bytes=56 Sequence=5 ttl=254 time=10 ms

  --- 3.3.3.3 ping statistics ---
    5 packet(s) transmitted
    5 packet(s) received
    0.00% packet loss
    round-trip min/avg/max = 10/16/20 ms

<R1>
```

图 4-10　环回地址验证

（2）在 R1、R3 上加环回地址 172.16.0.1/24 和 172.16.1.1/24，用 RIPv2 使全网互通

1）用 RIPv2 代替 RIPv1 的尝试

在 R1 上加环回地址 172.16.0.1/24 并使用 RIPv1 加路由，具体操作如下。

```
[R1]int lo 10                        //10 口进入了 loopback
[R1-LoopBack10]ip add 172.16.0.124   //添加 IP 地址
[R1-LoopBack10]q
[R1]rip                              //RIP，默认 v1 版本
[R1-rip-1]net172.16.0.0              //使用 network+网络号告知自己的网段
```

在 R3 上加环回地址 172.16.1.1/24 并使用 RIPv1 加路由，具体操作如下。

```
[R3]int lo 10
[R3-LoopBack10]ip add 172.16.1.124
[R3-LoopBack10]q
[R3]rip
[R3-rip-1]net 172.16.0.0
```

在路由器 R1、R3 上分别使用 dis ip routing-table 查看路由表，如图 4-11 和图 4-12 所示。

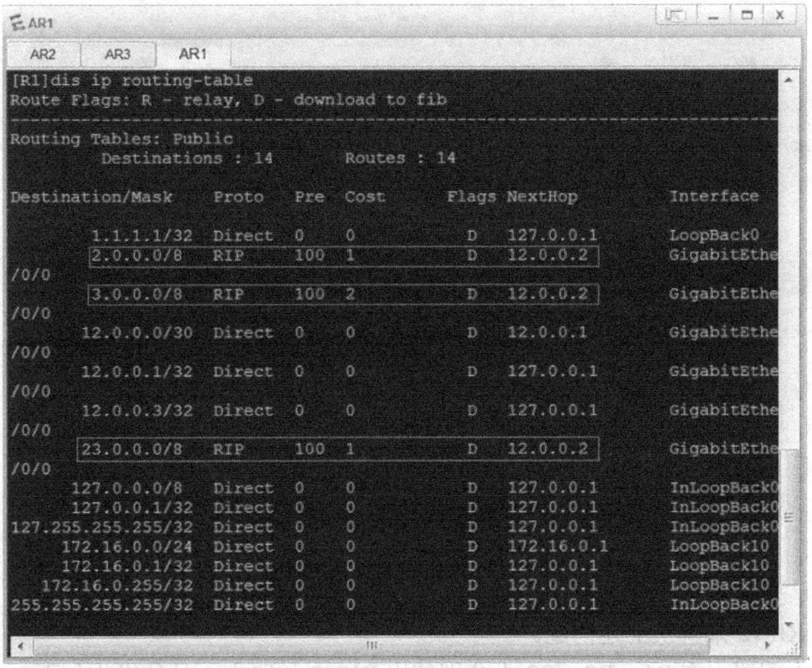

图 4-11　R1 路由表

因为 RIPv1 在更新时不能携带子网掩码，所以导致中间的路由器收到汇总后的相同的有类网段，到达 172.16.0.0 网段出现负载均衡。这里用 R1 ping R3 的环回地址 172.16.1.1 是 ping 不通的，如图 4-13 所示。

用 R3 来 ping R1 的环回地址 172.16.0.1 也是不会通的，如图 4-14 所示。

117

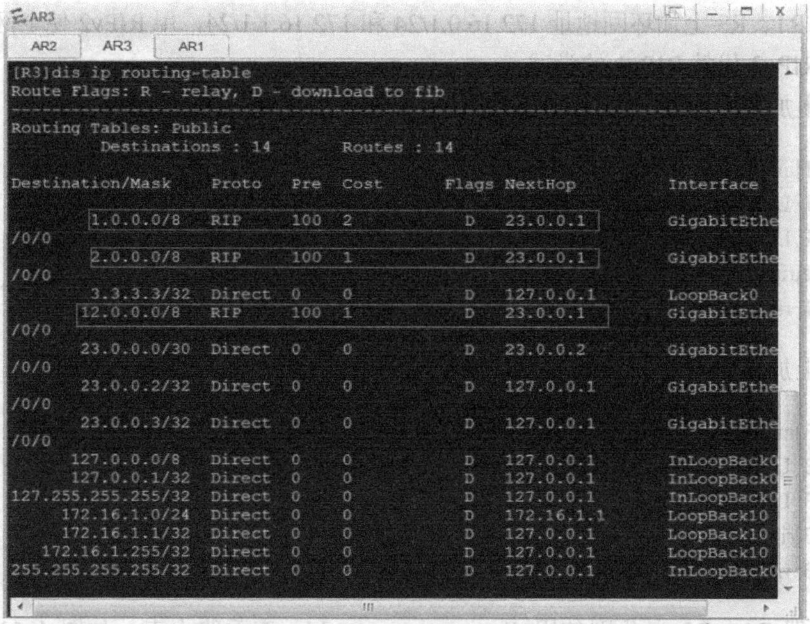

图 4-12　R3 路由表

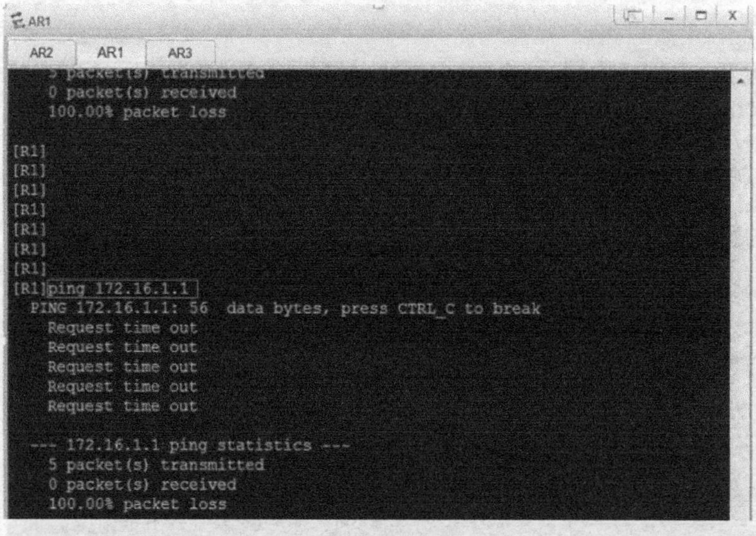

图 4-13　R1 ping R3 环回地址

这里用 RIPv2 来解决上述问题。

基于以上配置，在 R1、R2、R3 上分别使用 RIPv2 加路由，具体操作如下。

```
<R1>sy                          //进入系统视图
[R1]rip                         //进 RIP
[R1-rip-1]version 2             //版本设置为 RIPv2
[R1-rip-1]undo summary          //关闭自动汇总
<R2>sy
```

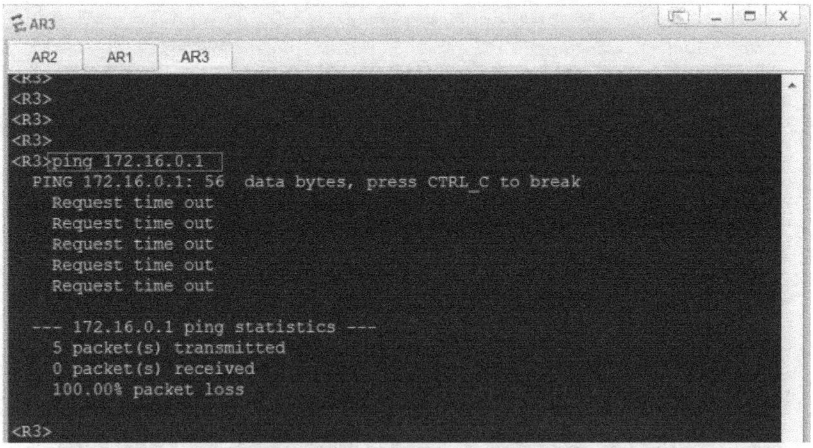

图 4-14 R3 ping R1 的环回地址

```
 [R2]rip
[R2-rip-1]version 2            //RIPv2 支持无类网络
[R2-rip-1]undo summary         //关闭自动向有类边界汇总的特性，用默认值
<R3>sy
[R3]rip
[R3-rip-1]version 2
[R3-rip-1]undo summary
```

在路由器 R1、R2、R3 上分别使用 dis ip routing-table 查看路由表，如图 4-15～图 4-17 所示。

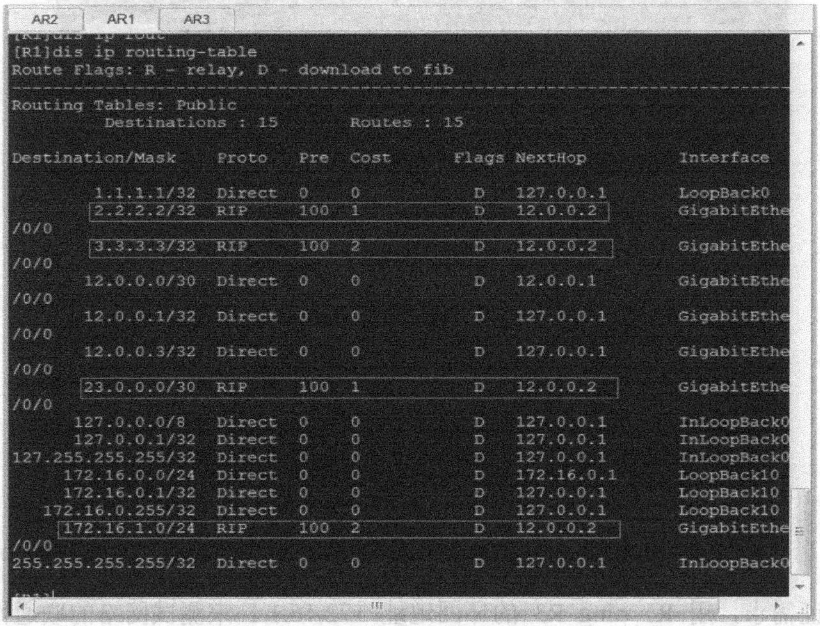

图 4-15 R1 路由表

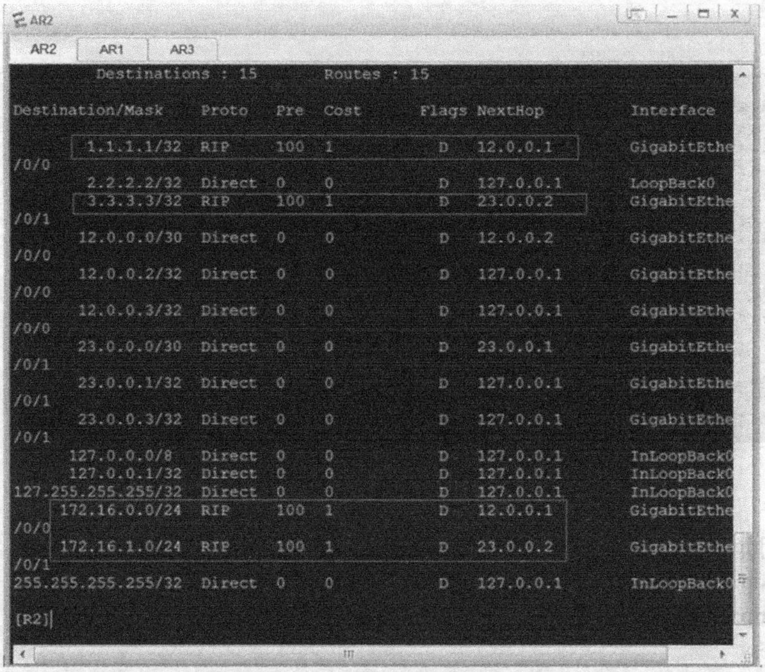

图 4-16 R2 路由表

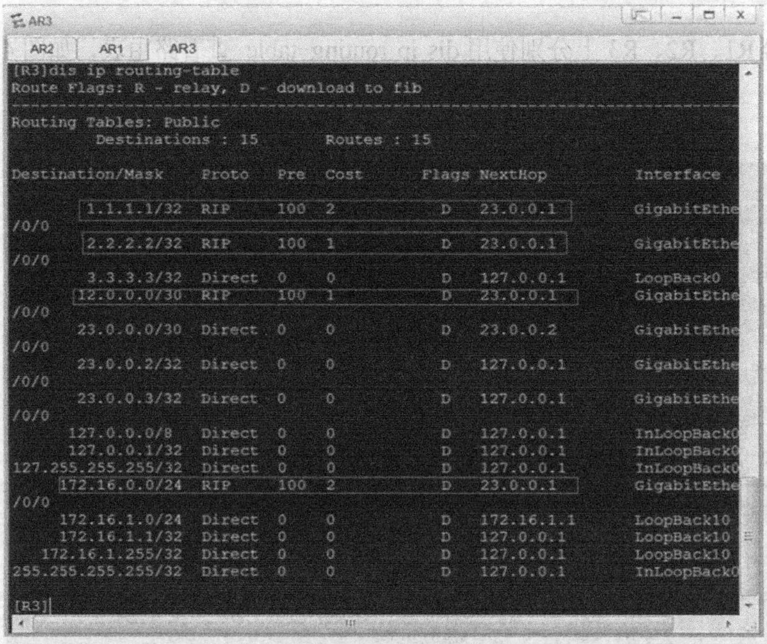

图 4-17 R3 路由表

2）验证需求，用 R1 ping R3 的环回地址 172.16.1.1 来测试网络的联通性结果，如图 4-18 所示。

这样就通过 RIPv2 使全网互通了。

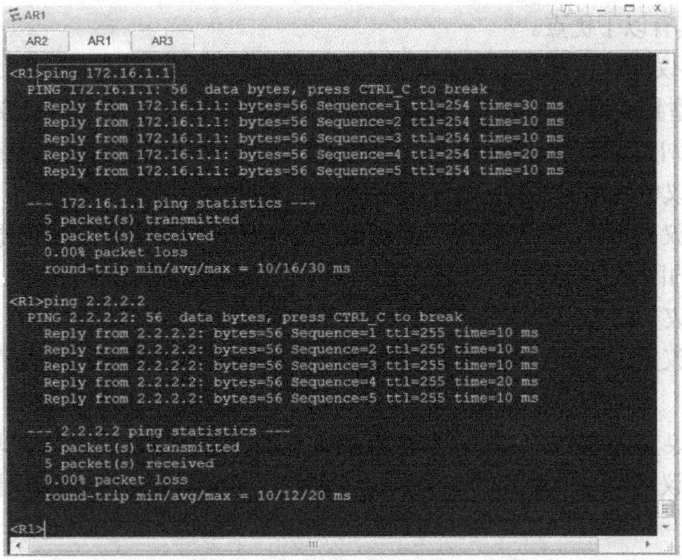

图 4-18　R1 ping R3 环回地址

4.3　开放式最短路径优先协议

码 4-5　开放式最短路径优先（OSPF）协议

4.3.1　开放式最短路径优先协议概述

由于 RIP 存在无法避免的缺陷，因此在规划网络时，其多用于构建中小型网络。但随着网络规模的日益扩大，一些小型企业网的规模几乎等同于十几年前的中小型企业网，并且对于网络的安全性和可靠性提出了更高的要求，RIP 显然已经不能完全满足这种需求。

在这种背景下，开放式最短路径优先协议（Open Shortest Path First，OSPF）协议以其众多的优势脱颖而出。它解决了很多 RIP 无法解决的问题，因而得到了广泛应用。

OSPF 是一种典型的链路状态路由协议，一般用于同一个路由域内。在这里，路由域是指一个自治系统（Autonomous System，AS），是指一组通过统一的路由政策或路由协议互相交换路由信息的网络。在这个 AS 中，所有的 OSPF 路由器都维护一个相同的描述这个 AS 结构的数据库。该数据库中存放的是路由域中相应链路的状态信息，OSPF 路由器正是通过这个数据库计算出其 OSPF 路由表的。

作为一种链路状态的路由协议，OSPF 将链路状态多播数据（Link State Advertisement，LSA）传送给某一区域内的所有路由器，这一点与距离矢量路由协议不同。运行距离矢量路由协议的路由器是将部分或全部的路由表传递给与其相邻的路由器。

OSPF 协议是一种为 IP 网络开发的内部网关路由选择协议，由 IETF（国际互联网工程组）开发并推荐使用。OSPF 协议由 3 个子协议组成：Hello 协议、交换协议和扩散协议。其中，Hello 协议负责检查链路是否可用，并完成指定路由器及对指定路由器备份；交换协议完成主、从路由器的指定并交换各自的路由数据库信息；扩散协议完成各路由器中路由数据库的同步维护。

OSPF 协议具有以下优点。

1) OSPF 协议能够在自己的链路状态数据库内表示整个网络，这极大地减少了收敛时间，并且支持大型异构网络的互联，提供了一个异构网络间通过同一种协议交换网络信息的途径，并且不容易出现错误的路由信息。OSPF 协议支持通往相同目的的多重路径。

2) OSPF 协议使用路由标签区分不同的外部路由。

3) OSPF 协议支持路由验证，只有互相通过路由验证的路由器之间才能交换路由信息，并且可以对不同的区域定义不同的验证方式，从而提高了网络的安全性。

4) OSPF 协议支持费用相同的多条链路上的负载均衡。

5) OSPF 协议是一个无类路由协议，路由信息不受跳数的限制，减少了因分级路由带来的子网分离问题。

6) OSPF 协议支持 VLSM 和无类路由查表，有利于网络地址的有效管理。

7) OSPF 协议网络可以划分成多个区域（area），减少了协议对 CPU 处理时间和内存的需求。

4.3.2 OSPF 的工作原理

1. OSPF 的数据包

OSPF 的数据包类型包括以下 5 种。Hello 数据包、Database Description 数据库的描述包（DBD）、Link-state Request 链路状态请求包（LSR）、Link-state Update 链路状态更新包（LSU）、Link-state Acknowledgement 链路状态确认包（LSACK）。下面着重对 Hello 数据包进行介绍，其他类似。

（1）Hello 协议的目的

1) 用于发现邻居。

2) 在成为邻居之前，必须对 Hello 包里的一些参数协商成功。

3) Hello 包在邻居之间扮演着 keep alive 的角色。

4) 允许邻居之间的双向通信。

5) 它在非广播-多路访问（Non-broadcast Multi-access，NBMA）网络网络上选择 DR 和 BDR（NBMA 中默认 30s 发送一次，多路访问和点对点网络上默认 10s 发送一次）。

（2）Hello 数据包的构成

Hello 数据包主要由源路由器的 RID、源路由器的 Area ID、源路由器接口的掩码、源路由器接口的认证类型和认证信息、源路由器接口的 Hello 包发送的时间间隔、源路由器接口的无效时间间隔、优先级、DR/BDR、5 个标记位（flag bit）、源路由器的所有邻居的 RID 构成。

2. OSPF 的网络类型

OSPF 定义的 5 种网络类型如下。

（1）点到点（P—P）网络

例如，T1 线路是连接单独的一对路由器的网络，点到点网络上的有效邻居总是可以形成邻接关系的。在这种网络上，OSPF 包的目标地址使用的是 224.0.0.5，这个多播地址称为 AllSPFRouters。

(2) 广播型网络

例如，以太网、Token Ring 和 FDDI，这样的网络上会选择一个 DR 和 BDR。DR/BDR 的发送的 OSPF 包的目标地址为 224.0.0.5。运送这些 OSPF 包的帧的目标 MAC 地址为 0100.5E00.0005，而除了 DR/BDR 以外的 OSPF 包的目标地址为 224.0.0.6，这个地址叫作 AllDRouters。

(3) NBMA（Non_Broadcast Multiple Access，非广播多路访问）网络

例如 X.25、Frame Relay 和 ATM，不具备广播的能力，因此邻居要人工来指定。在这样的网络上要选择 DR 和 BDR，OSPF 包应采用 unicast 的方式。

(4) 点到多点（P—MP）网络

点到多点网络是 NBMA 网络的一个特殊配置，可以看成点到点链路的集合，在这样的网络上不选择 DR 和 BDR。

(5) 虚链接网络

OSPF 数据包是以 unicast 的方式发送的。

所有的网络都可以归纳成传输网络（Transit Network）和末节网络（Stub Network）两种网络类型。

3. OSPF 的 DR 及 BDR

(1) OSPF 的状态

OSPF 路由器在完全邻接之前，所经过的几个状态如下。

1) Down：初始化状态。

2) Attempt：只适于 NBMA 网络。在 NBMA 网络中，邻居是手动指定的。在该状态下，路由器将使用 HelloInterval 取代 PollInterval 来发送 Hello 包。

3) Init：表明在 DeadInterval 里收到了 Hello 包，但是 two-way 通信仍然没有建立起来。

4) two-way：双向会话建立。

5) ExStart：信息交换初始状态。在这个状态下，本地路由器和邻居将建立 Master/Slave 关系，并确定 DD Sequence Number，接口等级高的成为 Master。

6) Exchange：信息交换状态。本地路由器向邻居发送数据库描述包，并且会发送 LSR 以用于请求新的 LSA。

7) Loading：信息加载状态。本地路由器向邻居发送 LSR 以用于请求新的 LSA。

8) Full：完全邻接状态。这种邻接出现在 Router LSA 和 Network LSA 中。

(2) DR 和 BDR 的选取

在 DR 和 BDR 出现之前，每一台路由器和它的邻居之间成为完全网状的 OSPF 邻接关系，这样 5 台路由器之间将需要形成 10 个邻接关系，同时将产生 25 条 LSA（链路状态广播）。在多址网络中，还存在自己发出的 LSA 从邻居的邻居发回来的情况，导致网络上产生很多 LSA 的复制，所以基于这种考虑，产生了 DR 和 BDR。

DR 的主要工作是描述这个多址网络和该网络上剩下的其他相关路由器，管理这个多址网络上的 flooding（泛洪）过程；同时为了冗余性，还会选取一个 BDR，作为双备份之用。

DR 和 BDR 选取是以接口状态机的方式触发的，DR 和 BDR 的选取规则如下。

1) 路由器的每个多路访问（multi-access）接口都有路由器优先级（Router Priority），8 位长的一个整数，范围是 0~255。Cisco 路由器默认的优先级是 1，若优先级为 0，则将不

能选择为 DR/BDR，优先级可以通过命令 ip ospf priority 进行修改。

2）Hello 包里包含了优先级的字段，还包括了可能成为 DR/BDR 的相关接口的 IP 地址。

3）当接口在多路访问网络上初次启动时，它把 DR/BDR 地址设置为 0.0.0.0，同时设置等待计时器（Wait Timer）的值为路由器无效间隔（Router Dead Interval）。

DR 和 BDR 的选取过程如下。

1）在和邻居建立双向（two-way）通信之后，检查邻居的 Hello 包中的 Priority DR 和 BDR 字段，列出所有可以参与 DR/BDR 选举的邻居。所有的路由器都声明它们自己就是 DR/BDR（Hello 包中 DR 字段的值就是它们自己的接口地址，BDR 字段的值就是它们自己的接口地址）。

2）从这个有参与选举 DR/BDR 权的列表中，创建一个没有声明自己就是 DR 的路由器的子集（声明自己是 DR 的路由器将不会被选举为 BDR）。

3）如果在这个子集里，不管有没有宣称自己就是 BDR，只要在 Hello 包中，BDR 字段就等于自己接口的地址，优先级最高的就被选为 BDR；如果优先级一样，则 RID 最高的选为 BDR。

4）如果在 Hello 包中，DR 字段等于自己端口的地址，则优先级最高的就被选举为 DR；如果优先级一样，则 RID 最高的选举为 DR；如果选出的 DR 不能工作，那么新选举的 BDR 就成为 DR，再重新选举一个 BDR。

要注意的是，当网络中已经选了 DR/BDR，又出现了一台新的优先级更高的路由器，DR/BDR 是不会重新选取的。

DR/BDR 选完成后，DRother 只与 DR/BDR 形成邻接关系，所有的路由器将多播 Hello 数据包到 AllSPFRouters 地址 224.0.0.5，以便它们能跟踪其他邻居的信息，即 DR 将泛洪 update packet 到 224.0.0.5；DRother 只将多播 update packet 到 AllDRouter 地址 224.0.0.6，只有 DR/BDR 监听这个地址。

4．OSPF 邻居关系

邻居关系建立的 4 个阶段：邻居发现阶段、双向通信阶段、数据库同步阶段和完全邻接阶段。

邻居关系的建立和维持都是靠 Hello 包完成的。在一般的网络类型中，Hello 数据包是每经过一个 Hello Interval 发送一次。有一个例外：在非广播—多路访问网络（即 NBMA 网络）中，路由器每经过一个 PollInterval 周期发送 Hello 数据包给状态为 down 的邻居（其他类型的网络是不会把 Hello 数据包发送给状态为 down 的路由器的）。Cisco 路由器上的 PollInterval 默认 60s Hello Packet 以多播的方式发送给 224.0.0.5。对于 NBMA 类型、点到多点和虚链路类型的网络，以单播发送给邻居路由器，邻居可以通过手工配置或者 Inverse-ARP 发现。

OSPF 泛洪（Flooding）采用两种报文：LSU Type 4（链路状态更新报文）和 LSA Type 5（链路状态确认报文）。

在点到点（P—P）网络中，路由器以多播方式将更新报文发送到多播地址 224.0.0.5。在点到多点（P—MP）网络和虚链路网络中，路由器以单播方式将更新报文发送至邻接邻居的接口地址。

在广播型网络，DR other 路由器只能和 DR&BDR 形成邻接关系，所以更新报文将发送到 224.0.0.6，相应的 DR 以 224.0.0.5 泛洪 LSA，并且 BDR 只接收 LSA，不会确认和泛洪这些更新，除非 DR 失效。在 NBMA 型网络，LSA 以单播方式发送到 DR BDR，并且 DR 以单播方式发送这些更新。其中，LSA 的格式如图 4-19 所示。

图 4-19 LSA 格式

老化时间：给出了 LSA 的生存时间，最大的生存时间为 3600s，刷新时间为 1800s。如果某个 LSA 的生存时间超过了 3600s，则这个 LSA 就会从数据库中删除。

类型：和 Hello 的 Option 相同。

链路状态 ID：用于指定 OSPF 所描述的部分区域，该字段的使用方法根据不同的 LSA 类型而不同。当为 LSA 1 时，该字段值是产生 LSA 1 的路由器的 Router-ID；当为 LSA 2 时，该字段值是 DR 的接口地址；当为 LSA 3 时，该字段值是目的网络的网络地址；当为 LSA 4 时，该字段值是 ASBR 的 Router-ID；当为 LSA 5 时，该字段值是目的网络的网络地址。

通告路由：指定产生所要请求的 LSA 的路由器 ID。

序列号：检测旧的或者副本 LSA，对每个连续的实体给定一个连续的序列号。最大的序列号是 0x7FFFFFFF，最小的是 0x80000001。0x80000000 被保留，没有被使用。

校验和：一个 LSA 在泛洪时或者保存在内存中时可以被破坏，所以检验和是必需的。这个字段不能为零，零意味着 checksum 没有完成。checksum 完成于 LSA 产生时或者 LSA 被接收时。在每个 checksum 周期中，checksum 都会进行，周期默认为 10min。

当收到相同的 LSA 的多个实例时，将通过下面的方法来确定哪个 LSA 是最新的。

1）比较 LSA 实例的序列号，越大的越新。

2）如果序列号相同，就比较校验和，越大的越新。

3）如果校验和也相同，就比较老化时间。如果只有一个 LSA 拥有 Max Age（3600s）的老化时间，则它就是最新的。

4）如果 LSA 老化时间相差 15min 以上（MaxAge Diff），则老化时间越小的越新。

5）如果上述都无法区分，则认为这两个 LSA 是相同的。

5．OSPF 区域介绍

OSPF 区域的长度为 32 位，可以用十进制，也可以类似于 IP 地址的点分十进制，它分 3 种通信量，即域内间通信量（Intra-Area Traffic）、域间通信量（Inter-Area Traffic）、外部通信量（External Traffic）。

（1）路由器类型

1）Internal Router：内部路由器。

2）ABR（Area Border Router）：区域边界路由器。

3）Backbone Router（BR）：骨干路由器。

4）ASBR（Autonomous System Boundary Router）：自治系统边界路由器。

(2) 虚链路（Virtual Link）

以下两种情况需要使用到虚链路。

1）通过一个非骨干区域连接到一个骨干区域。

2）通过一个非骨干区域连接一个分段的骨干区域两边的部分区域。

虚链接是一个逻辑的隧道（Tunnel）。配置虚链接的规则如下。

1）虚链接必须配置在两个 ABR（Area Border Routers，区域边界）路由器之间。

2）虚链接所经过的区域叫 Transit Area，它必须拥有完整的路由信息。

3）Transit Area 不能是 Stub Area。

4）尽可能地避免使用虚链接，它增加了网络的复杂程度，加大了排错的难度。

(3) OSPF 区域

链路状态（Link-state）路由在设计时要求需要一个层次性的网络结构。

OSPF 网络分为两个级别的层次：骨干区域（backbone or area 0）和非骨干区域（nonbackbone areas）。在一个 OSPF 区域中只能有一个骨干区域，可以有多个非骨干区域。骨干区域的区域号为 0。各非骨干区域间是不可以交换信息的，它们可与骨干区域相连，通过骨干区域相互交换信息。

非骨干区域和骨干区域之间相连的路由叫区域边界路由（ABR，Area Border Routers），只有 ABR 记载了各区域的所有路由表。各非骨干区域内的非 ABR 只记载了本区域内的路由表，若要与外部区域中的路由相连，只能通过本区域的 ABR，由 ABR 连到骨干区域的 BR，再由骨干区域的 BR 连到要到达的区域。

骨干区域和非骨干区域的划分，大大降低了区域内工作路由的负担。

LSA 主要包括透明 LSA 和不透明 LSA。

透明 LSA 主要有以下类型。

1）Router LSA：每个路由器都将产生 Router LSA，这种 LSA 只在本区域内传播，描述了路由器所有的链路和接口、状态和开销。

2）Network LSA：在每个多路访问网络中，DR 都会产生 Network LSA，它只在产生这条 Network LSA 的区域泛洪，描述了所有和它相连的路由器（包括 DR 本身）。

3）Network Summary LSA：由 ABR 路由器始发，用于通告该区域外部的目的地址。当其他的路由器收到来自 ABR 的 Network Summary LSA 以后，它不会运行 SPF 算法，它只简单地加上到达那个 ABR 的开销和 Network Summary LSA 中包含的开销。通过 ABR，到达目标地址的路由和开销一起被加进路由表里，这种通过中间路由器来到达目标地址的完全路由（Full Route）实际上是运行距离矢量路由协议的路由器。

4）ASBR Summary LSA：由 ABR 发出，ASBR（Autonomous System Boundary Router，自治系统边界路由器）Summary LSA 的作用除了通告目的地是一个 ASBR 而不是一个网络外，其他同 Network Summary LSA。

5）AS External LSA：发自 ASBR 路由器，用来通告到达 OSPF 自主系统外部的目的地，或者 OSPF 自主系统那个外部的默认路由的 LSA，这种 LSA 将在全 AS 内泛洪。

6）Group Membership LSA：组成员 LSA，目前不支持组播 OSPF。

7）NSSA External LSA：来自非完全 Stub 区域内 ASBR 路由器始发的 LSA 通告，它只在 NSSA 区域内泛洪，这是与 LSA-Type5 的区别。

不透明 LSA 主要有以下几种。

1）外部属性 LSA。
2）本地链接范围 LSA。
3）本地区域属性 LSA。
4）AS 范围 LSA。

6. OSPF 末节区域

这种区域不接收本自治系统以外的路由信息，位于 Stub 边界的 ABR 将宣告一条默认路由到所有的 Stub 区域内的内部路由器。

对末节区域限制如下。

1）所有位于 Stub 区域的路由器必须保持 LSDB（Link State DataBase，链路状态数据库）信息同步，并且它们会在它的 Hello 数据包中设置一个值为 0 的 E 位（E-bit），因此这些路由器不会接收 E 位为 1 的 Hello 数据包。也就是说，在 Stub 区域里没有配置成 stub router 的路由器将不能和其他配置成 stub router 的路由器建立邻接关系。

2）不能在 Stub 区域中配置虚链接（Virtual Link），并且虚链接不能穿越 Stub 区域。

3）Stub 区域里的路由器不可以是 ASBR。Stub 区域可以有多个 ABR，但是由于默认路由的缘故，内部路由器无法判定哪个 ABR 才是到达 ASBR 的最佳选择。

完全末节区域：不接收外部自治系统路由或来自本自治系统内其他区域的汇总路由（Cisco 专有特性）。

次末节区域（NSSA）：允许外部路由条目被宣告到 OSPF 域中来，同时保留 Stub 区域的特征，因此 NSSA 里可以有 ASBR。ASBR 将使用 type7-LSA 来宣告外部路由，但经过 ABR，Type7 被转换为 Type5.7 类。LSA 通过 OSPF 报头的一个 P-bit 作为 Tag，如果 NSSA 里的 ABR 收到 P 位设置为 1 的 NSSA External LSA，它将把 LSA 类型 7 转换为 LSA 类型 5，并把它泛洪到其他区域中。如果收到的是 P 位设置为 0 的 NSSA External LSA，则它将不会转换成类型 5 的 LSA，并且这个类型 7 的 LSA 里的目标地址也不会被宣告到 NSSA 的外部。

4.3.3 OSPF 的基本配置命令

1. 启动 OSPF 进程

执行命令 system-view，进入系统视图。启动 OSPF 进程，进入 OSPF 视图，其命令格式如下。

```
ospf router-id
```

其中，router-id 表示 OSPF 编号。

进入 OSPF 区域视图的命令格式如下：

```
area area-id
```

2. 配置区域网段

配置区域所包含的网段的命令格式如下。

```
network ip-address wildcard-mask
```

其中，wildcard-mask 指的是反掩码。

network 指定的网段是指运行 OSPF 协议端口的 IP 地址所在的网段。一个网段只能属于一个区域，或者说每个运行 OSPF 的端口必须指明属于某一个特定的区域。

满足下面两个条件，端口才能正常运行 OSPF 协议。

1) 端口的 IP 地址掩码长度大于等于 network 命令中的掩码长度。

2) 端口的主 IP 地址必须在 network 命令指定的网段范围内。对于 Loopback 接口，默认情况下，OSPF 以 32 位主机路由的方式对外发布其 IP 地址，与端口上配置的掩码长度无关。如果要发布 Loopback 端口的网段路由，则需要将 Loopback 端口网络类型配置为非广播类型，一般配置成 P2P。authentication-mode 使用区域验证时，一个区域中所有的路由器在该区域下的验证模式和口令必须一致。

3. 配置 OSPF 区域认证方式

（1）简单验证

配置 OSPF 区域的简单验证模式的命令格式如下。

```
authentication-mode simple { [ plain ] plain-text | cipher cipher-text }，
```

（2）md5 验证

配置 OSPF 区域的 MD5 验证模式的命令格式如下。

```
authentication-mode { md5 | hmac-md5 } [ key-id { plain plain-text | [ cipher ] cipher-text } ]
```

4. 配置 OSPF 端口参数

（1）配置 OSPF 端口的网络类型

执行命令 interface interface-type interface-number，进入接口视图后，配置 OSPF 端口的网络类型的命令格式如下。

```
ospf network-type { broadcast | nbma | p2mp | p2p }
```

（2）设置 OSPF 端口的开销值

设置 OSPF 端口的开销值的命令格式如下。

```
ospf cost cost
```

如果没有在接口视图下通过命令 ospf cost 配置此接口的开销值，则 OSPF 会根据该接口的带宽自动计算其开销值。计算公式为端口开销值=带宽参考值/端口带宽值，取计算结果的整数部分作为端口开销值（当结果小于 1 时取 1）。通过改变带宽值可以间接改变接口的开销值。在配置时注意，必须保证该进程中所有路由器的带宽值一致。建议在网络规划阶段规划好全局各条链路的 OSPF 端口 Cost。

5. 配置 OSPF 引入其他协议的路由信息

执行命令 ospf [process-id]，启动 OSPF 进程，进入 OSPF 视图后，引入其他协议的路由信息的命令格式如下。

import-route protocol [process-id] [cost cost | type type | tag tag] * [route-policy route-policy-name]

执行命令 filter-policy { acl-number | ip-prefix ip-prefix-name } export [protocol [process-id]]，对引入的路由进行过滤，通过过滤的路由才能被发布出去。

import-route 经常在后面加上 route-policy 进行过滤，过滤一些不想通过 OSPF 协议发布的网段，在运营商网络中一般为私网地址。

OSPF 对引入后的路由进行过滤，是指 OSPF 只将满足条件的外部路由转换为 Type5 LSA 并发布出去。用户可以通过指定 protocol [process-id]对特定的某一种协议或某一进程的路由信息进行过滤。如果没有指定 protocol [process-id]，则 OSPF 将对所有引入的路由信息进行过滤。

6. OSPF 状态查看命令

1）查看 OSPF 统计信息的命令如下。

display ospf [process-id] cumulative

2）查看 OSPF 的 LSDB 信息的命令如下。

display ospf [process-id] lsdb [brief]
display ospf [process-id] lsdb [router | network | summary | asbr | ase | nssa | opaque-link | opaque-area | opaque-as] [link-state-id] [originate-router | advertising-router-id] | self-originate]

3）查看 OSPF 外部路由信息的命令如下。

display ospf [process-id] lsdb ase

4）查看 OSPF 自己引入的外部路由信息的命令如下。

display ospf [process-id] lsdb ase self-originate

5）查看 OSPF 邻居信息的命令如下。

display ospf [process-id] peer [interface-type interface-number] [neighbor-id]

6）查看 OSPF 端口信息的命令如下。

display ospf [process-id] interface [all | interface-type interface-number]

7）查看 OSPF 路由信息的命令如下。

display ospf [process-id] routing [interface interface-type interface-number] [nexthop nexthop-address]

7. 命令详解

1）设置端口网络类型。

> ospf network-type { broadcast | nbma | p2mp | p2p }

其中，broadcast 设置端口网络类型为广播类型，nbma 设置端口网络类型为 NBMA 类型，p2mp 设置端口网络类型为点到多点，p2p 设置端口网络类型为点到点。

2）删除端口指定网络类型。

> undo ospf network-type { broadcast | nbma | p2mp | p2p }

需要注意的是，当端口被配置为新的网络类型后，原端口网络类型将自动取消。

【例】 配置端口 Serial0 为 NBMA 类型。

> [Quickway-Serial0] ospf network-type nbma

3）配置对端路由器的 IP 地址。

> ospf peer ip-address [eligible]

其中，ospf peer 命令用来设定对端路由器 IP 地址，ip-address 为点到点和点到多点端口的相邻路由器的 IP 地址，eligible 表明该邻居具有选举权。

4）取消对端路由器 IP 地址的设定。undo ospf peer ip-address

在接口视图下，undo ospf peer 命令用来取消对端路由器 IP 地址的设定。

默认情况下，不设定任何对端路由器 IP 地址。

【例】 配置端口 Serial0 的相邻路由器 IP 地址为 10.1.1.4。

> [Quickway-Serial0] ospf peer 10.1.1.4

5）设置邻居路由器的失效时间。ospf timer dead seconds

其中，ospf timer dead 命令用来配置对端路由器的失效时间；seconds 为邻居路由器的失效时间，取值范围为 1～65535s。其默认值根据接口类型不同而不同。

6）恢复对端路由器失效时间为默认值。

> undo ospf timer dead

【例】 配置端口 Serial0 上相邻路由器的失效时间为 60s。

> [Quickway-Serial0] ospf timer dead 60

7）设置端口发送 Hello 报文的时间间隔。

> ospf timer hello seconds

其中，ospf timer hello 命令用来设置端口发送 Hello 报文的时间间隔；seconds 表示端口发送 Hello 报文的时间间隔，取值范围为 1～255s。默认值与端口网络类型有关。此值越小，则网络拓扑结构的变化将被发现得越快，但将花费更多的路由开销。必须保证和该端口相邻的路由器之间的参数一致。发送 Hello 报文时，将该值将写入 Hello 报文中，并随 Hello 报文传送。

8）恢复该时间间隔的默认值。

undo ospf timer hello

默认情况下，点到点网络类型端口发送 Hello 报文的时间间隔为 10s，点到多点和 NBMA 网络类型端口发送 Hello 报文的时间间隔为 30s。

4.3.4 基于 OSPF 的实训项目

码 4-6　基于 OSPF 的实训项目

1. 实训拓扑

本实训网络拓扑图如图 4-20 所示。

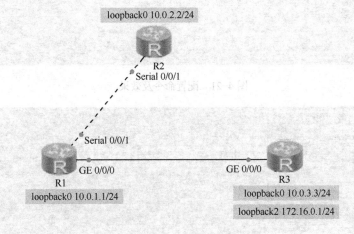

图 4-20　实训拓扑图

相关基本配置（IP 地址设置）如下。

1）R1 的端口分别是 10.0.12.1/24-10.0.13.1/24-10.0.1.1/24。

2）R2 的端口分别是 10.0.12.2/24-10.0.2.2/24。

3）R13 的端口分别是 10.0.13.3/24-10.03.3/24-172.16.0.1/24。

其配置命令及效果如图 4-21 所示。

2. OSPF 配置

定义 R1 的 loopback 端口地址为 10.0.1.1，作为 R1 的 RouterID，使用默认的 ospf 的进程号 1，将 10.0.12.0/24-10.0.13.0/24-10.0.1.0/24 这 3 个网段定义到 OSPF 区域 0，如图 4-22 所示。

3. OSPF 验证

OSPF 验证的步骤如下。

1）查看 R1、R2、R3 的路由表。

2）使用 display 查看 OSPF 路由表。

3）使用 display ospf peer 命令查看邻居的详细信息。

OSPF 验证如图 4-23 所示。

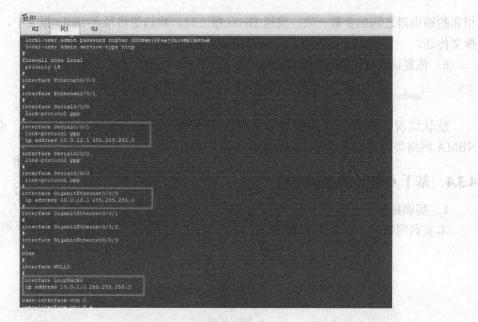

图 4-21 配置命令及效果

图 4-22 OSPF 配置图

4. OSPF hello 和 dead 时间参数修改

OSPF 时间参数修改如图 4-24 所示。

5. OSPF 默认路由发布

OSPF 默认路由发布如图 4-25 所示。默认路由相关命令解释参见 4.1.1 节。其中 default-route-advertise 命令用于使当前路由器发布一条 0.0.0.0/0.0.0.0 的路由到域内其他路由器,其他路由器学习到这条默认路由后,它们的下一跳会指向当前路由器。

6. OSPF DR/BDR 选取的控制

具体操作步骤如下。

1)使用 ospf dr-priority 命令修改 R1 和 R3 的路由优先级,如图 4-26 所示。

2)查看配置后的路由建立情况和 DR/BDR 的建立,如图 4-27 所示。

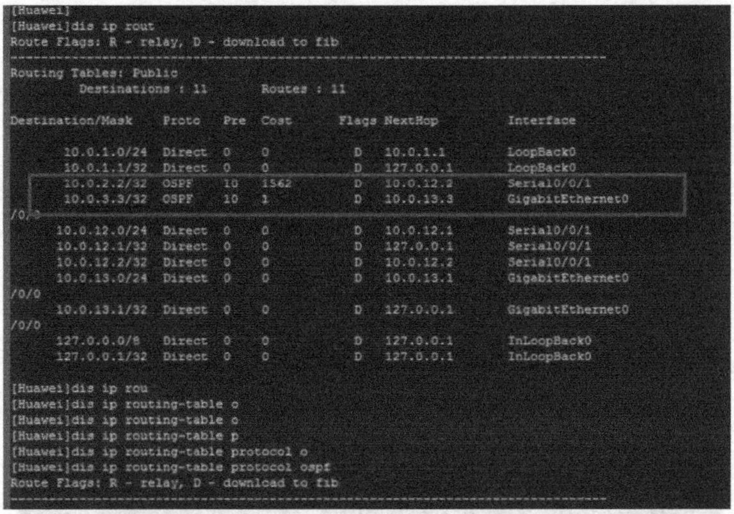

图 4-23　OSPF 验证

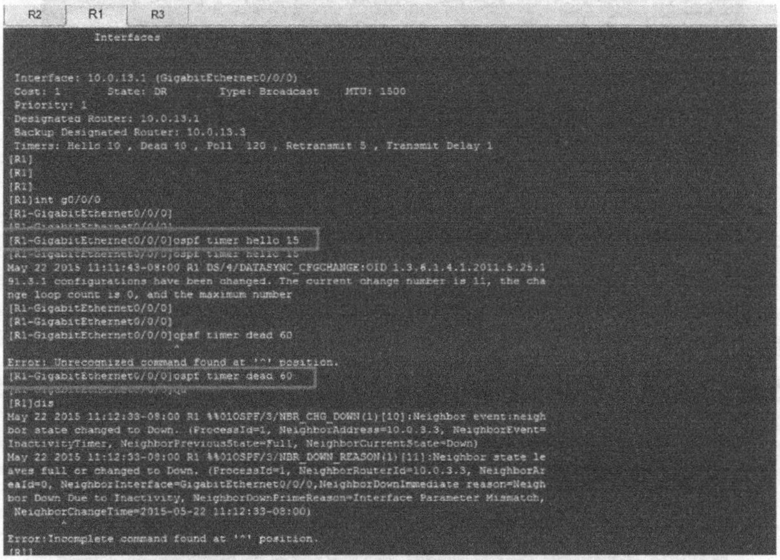

图 4-24　OSPF 时间参数的修改

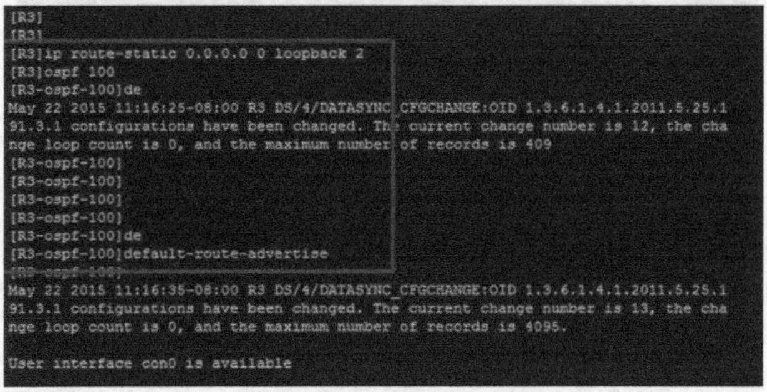

图 4-25　OSPF 默认路由发布

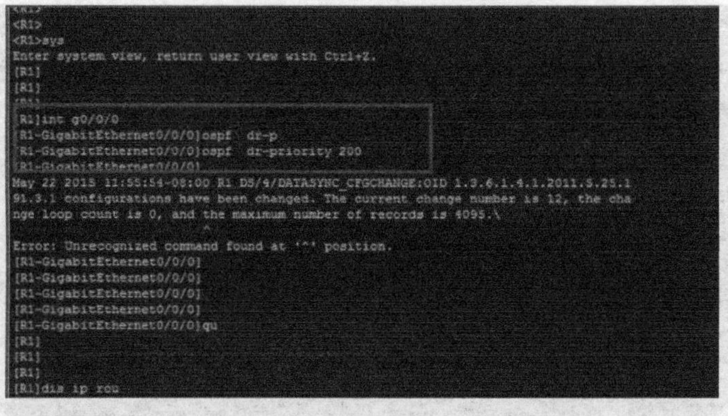

图 4-26 修改路由优先级

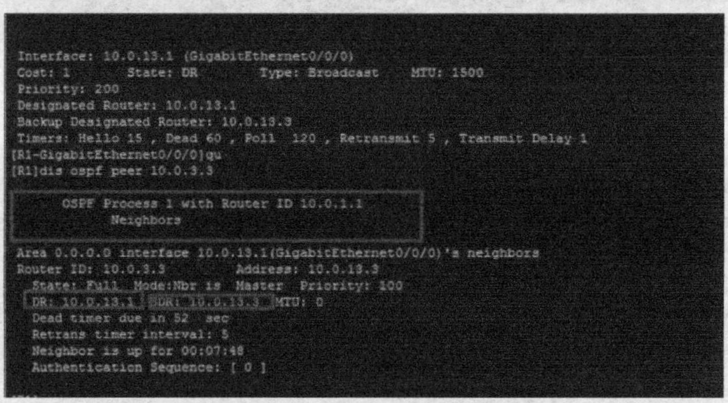

图 4-27 查看路由建立情况和 DR/BDR 的建立

7. 查看路由器所有配置

对 3 个路由器的配置查看如图 4-28～图 4-30 所示。

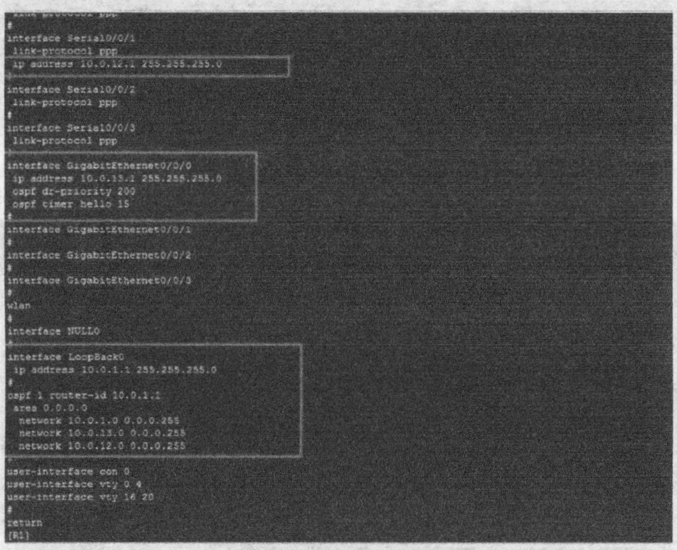

图 4-28 路由器 R1 的配置信息

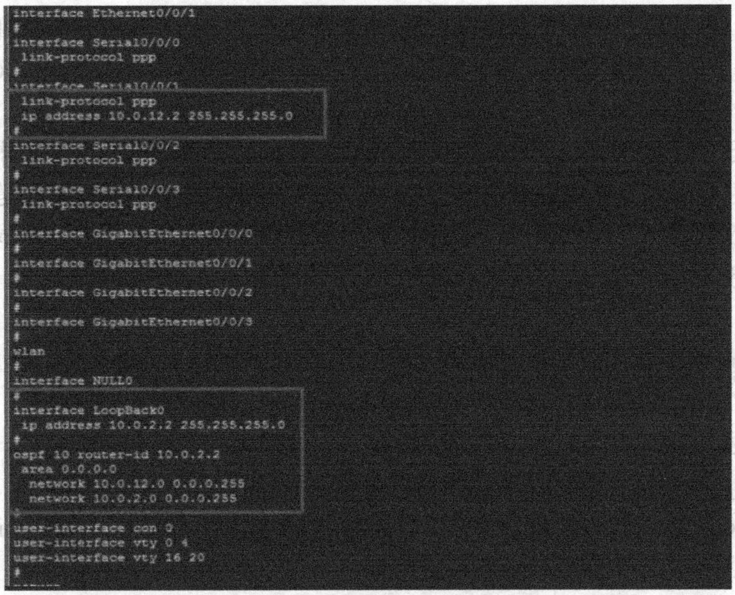

图 4-29　路由器 R2 的配置信息

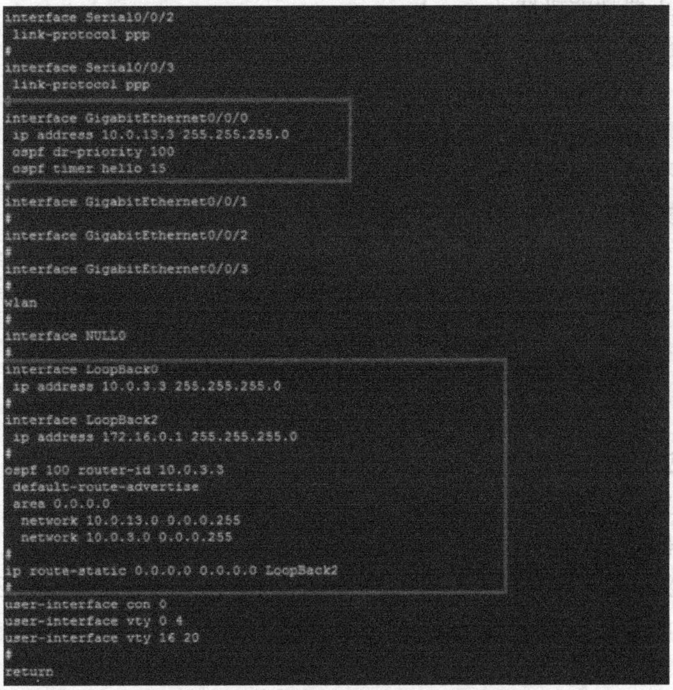

图 4-30　路由器 R3 的配置信息

4.4　本章小结

码 4-7　本章小结

本章主要介绍了三层路由器的相关知识和一些相应的实训项目操作，主要内容包括：静

135

态路由的概念、原理以及相应配置命令，静态路由的特点以及相应的实训项目，路由信息协议（RIP）的基本概念、原理以及内部实现运行机制，RIP 帧格式，RIPv1 和 RIPv2 版本适用的范围及相关的配置命令。

RIP 适用于中小型网络，无法满足大型网络对传输可靠性和安全性的要求，OSPF 应运而生。OSPF 主要引入链路状态数据库的概念，所有网络结点上的该数据库是相同的，这样就大大节省了收敛时间，加快路由。本章主要介绍了 OSPF 的基本原理、基本构成要素以及相关的命令，通过实训的方式加深对 OSPF 的认识和了解。

4.5 本章练习

码 4-8　本章练习

一、填空题

1. _____ 命令可以显示路由器当前的参数配置情况。
2. 通过 Console 端口与路由器通信时，超级终端的速率设置为_____bit/s。
3. RIP 使用_____数据包更新路由信息。
4. 在路由器中，显示路由器的软/硬件信息的命令是_____。

二、选择题

1. 路由器的主要功能包括（　　）。
   A．网络管理　　　　B．网络互联　　　　C．数据处理　　　　D．数据广播
2. 下面（　　）命令用来检测目的端是否可达。
   A．return　　　　　B．ping　　　　　　C．quit　　　　　　D．tracert
3. 以下不会在路由表出现的是（　　）。
   A．下一跳地址　　　B．网络地址　　　　C．度量值　　　　　D．MAC 地址
4. 在 RIP 协议中，当路由项在（　　）s 没有更新时，定时器超时，该路由器的度量值变为不可达。
   A．30　　　　　　　B．60　　　　　　　C．120　　　　　　D．180
5. 在 RIP 中，将路由跳数（　　）定为不可达。
   A．15　　　　　　　B．16　　　　　　　C．128　　　　　　D．255

三、简答与应用

1. 路由器的主要功能是什么？
2. 简述路由器的工作原理。
3. OSPF 协议的骨干区有什么作用？骨干区在网络设计时需要注意什么？
4. 简述网络风暴是如何形成的。

第 5 章 局域网安全与管理

本章要点

- 了解网络安全技术及网络安全的重要性。
- 掌握交换机端口安全的配置技能。
- 能够描述 ACL 的特性及工作过程。
- 掌握 ACL 的配置技能。
- 能够描述高级 ACL 的定义及应用。
- 掌握高级 ACL 的配置技能。

随着网络技术的普及，网络的安全性显得更加重要。这是因为怀有恶意的攻击者可能窃取、篡改网络上传输的信息，通过网络非法入侵获取存储在远程主机上的机密信息、构造大量的数据报文占用网络资源以及阻止其他合法用户正常使用等。网络作为开放的信息系统必然存在诸多潜在的安全隐患，因此网络安全技术作为一个独特的领域越来越受到人们的关注。

网络安全技术致力于解决如何有效进行介入控制以及如何保证数据传输的安全性的技术手段，主要包括物理安全分析技术、网络结构安全分析技术、系统安全分析技术、管理安全分析技术，以及其他的安全服务和安全机制策略等。

5.1 网络安全技术简介

从本质上来讲，网络安全就是网络上的信息安全，是指网络系统的硬件、软件及其系统中的数据受到保护，不因偶然的或者恶意的原因而遭到破坏、更改、泄露，使系统连续、可靠、正常地运行。从广义来说，凡是涉及网络上信息的保密性、完整性、可用性、真实性和可控性的相关技术和理论都是网络安全的研究领域。网络安全是一门涉及计算机科学、网络技术、通信技术、密码技术、信息安全技术、应用数学、数论、信息论等多种科学的综合性学科。

码 5-1 网络安全技术简介

网络安全涉及的内容既有技术方面的问题，也有管理方面的问题，这两方面相互补充，缺一不可。技术方面主要侧重于如何防范外部非法攻击，管理方面侧重于内部人为因素的管理。如何更有效地保护重要的信息数据，提高计算机网络系统的安全性，已经成为所有计算机网络应用必须考虑和解决的一个重要问题。

5.2 交换机端口安全

在没有安全技术应用的以太网中，用户只要连接到交换机

码 5-2 交换机端口安全

的物理端口，就可以访问网络中的所有资源，局域网的安全无法得到保证。以太网交换机针对网络安全问题提供了多种安全机制，包括地址绑定、端口隔离、接入认证等技术。

最常见的对端口安全的理解就是可根据 MAC 地址来对网络流量进行控制和管理，如将 MAC 地址与具体的端口绑定，限制具体端口通过的 MAC 地址的数量，或者在具体的端口不允许某些 MAC 地址的帧流量通过。

5.2.1 MAC 地址表的分类

在网络中，MAC 地址是设备中不变的物理地址，控制 MAC 地址接入就控制了交换机的端口接入，所以保证端口安全也是保证 MAC 地址的安全。在交换机中，CAM（Content Addressable Memory，内容可寻址内存）表又叫 MAC 地址表，其中记录了与交换机相连的设备的 MAC 地址、端口号、所属 VLAN 等对应关系。

MAC 地址表分为静态 MAC 地址表、动态 MAC 地址表及黑洞 MAC 地址表。静态 MAC 地址表通过手工绑定，优先级高于动态 MAC 地址表；动态 MAC 地址表是指交换机收到数据帧后会将源 MAC 地址学习到 MAC 地址表中；黑洞 MAC 地址表可通过手工绑定或自动学习，主要用于丢弃指定 MAC 地址。

5.2.2 MAC 地址表的管理命令

1．查看 MAC 地址表

在用户视图下，查看 MAC 地址表的命令格式如下。

```
display mac-address
```

例如，查看名称为 Huawei 的交换机的 MAC 地址表的配置命令为：

```
<Huawei>display mac-address
```

2．配置静态 MAC 地址表

在系统视图下，配置静态 MAC 地址表的命令格式如下。

```
mac-address static mac-address interface-id vlan vlan-id
```

其中，mac-address 表示被绑定的 MAC 地址，interface-id 表示被绑定的端口的地址，vlan-id 表示端口所属的 VLAN。

例如，将 MAC 地址绑定到端口 g0/0/1，在 vlan1 中有效，该配置命令为：

```
[Huawei] mac-address static 5489-98C0-7E34 GigabitEthernet 0/0/1 vlan 1
```

3．配置黑洞 MAC 地址表

在系统视图下，配置黑洞 MAC 地址表，其命令格式如下。

```
[Huawei] mac-address blackhole mac-address vlan vlan-id
```

其中，mac-address 表示被绑定的 MAC 地址，vlan-id 表示端口所属的 VLAN。

例如，在 vlan1 中收到源地址或目的地址为此 MAC 地址时丢弃帧，其配置命令为：

[Huawei] mac-address blackhole 5489-98C0-7E34 vlan 1

4．禁止端口学习 MAC 地址

1）在端口视图下禁止端口学习 mac 地址的命令格式如下：

mac-address learning disable action discard

其中，禁止端口学习 MAC 地址的功能可以在端口实现，也可以在 VLAN 中实现。
例如，在 GigabitEthernet 0/0/1 端口禁止学习 MAC 地址功能的配置命令如下。

[Huawei-GigabitEthernet0/0/1]mac-address learning disable action discard

2）禁止端口学习 MAC 地址并将收到的所有帧丢弃的命令格式如下。

mac-address learning disable action forward

其中，禁止端口学习 MAC 地址并将收到的所有帧丢弃的功能可以在端口实现，也可以在 VLAN 中配置。
例如，在 GigabitEthernet 0/0/1 端口禁止学习 MAC 地址并将收到的所有帧丢弃，其配置命令如下。

[Huawei-GigabitEthernet0/0/1] mac-address learning disable action forward

禁止端口学习 MAC 地址，将收到的帧以泛洪方式转发（交换机对于未知目的 MAC 地址转发原理），也可以在 VLAN 中配置。

5．限制 MAC 地址学习数量

在端口视图下，限制 MAC 地址学习数量的命令格式如下。

mac-limit maximum max-mac-num alarm enable

其中，max-mac-num 表示该端口 MAC 地址学习的最大数量为 max-mac-num。
例如，在 GigabitEthernet 0/0/1 处可进行端口学习 MAC 地址的数量为 9，其配置命令如下。

[Huawei-GigabitEthernet0/0/1]mac-limit maximum 9 alarm enable

交换机限制可进行端口学习的 MAC 地址数量为 9，并在超出数量时发出告警。超过的 MAC 地址将无法被端口学习到，但是可以通过泛洪转发（交换机对于未知目的 MAC 地址转发原理），也可以在 VLAN 中配置。

6．配置端口安全动态 MAC 地址

此功能是将动态学习到的 MAC 地址设置为安全属性，其他没有被学习到的非安全属性的 MAC 的帧将被端口丢弃。

1）打开端口安全功能的命令格式如下。

port-security enable

2）限制安全 MAC 地址最大数量。

  port-security max-mac-num max-mac-num

3）配置其他非安全 MAC 地址数据帧的处理动作。

  port-security protect-action parameter

其中，parameter 有以下 3 个参数：
protect 表示"丢弃，不产生告警信息"。
restrict 表示"丢弃，产生告警信息（默认的）"。
shutdown 表示"丢弃，并将端口 shutdown"。

4）配置安全 MAC 地址的老化时间。

  port-security aging-time time

其中，time 表示老化时间。默认情况下，安全 MAC 地址不老化。

例如，在 GigabitEthernet0/0/3 端口设置安全端口，限制安全 MAC 地址的最大数量为 1，默认为 1，同时配置其他非安全 MAC 地址数据帧的处理动作为 protect，配置安全 MAC 地址的老化时间为 300s，其配置命令如下：

  [Huawei-GigabitEthernet0/0/3]port-security enable
  [Huawei-GigabitEthernet0/0/3]port-security max-mac-num 1
  [Huawei-GigabitEthernet0/0/3]port-security protect-action　protect
  [Huawei-GigabitEthernet0/0/3]port-security aging-time 300

在端口安全动态 MAC 地址中，若配置如上，则将 GigabitEthernet0/0/3 g0/0/3 端口学习到的第一个 MAC 地址设置为安全 MAC 地址，此外其他 MAC 地址即使再接入端口的话都不予转发，在 300s 后刷新安全 MAC 地址表，并且重新学习安全 MAC 地址，总是将在该端口学习后的第一个 MAC 地址设置为安全 MAC 地址，但是在交换机重启后安全 MAC 地址会被清空，重新学习。

7. 配置端口安全粘贴 MAC 地址

此功能与端口安全动态 MAC 地址唯一不同的是，粘贴 MAC 地址不会老化，且交换重启后依然存在，动态安全 MAC 地址只能动态学到，而安全粘贴 MAC 可以动态学习，也可以手工配置。

1）配置端口安全粘贴 MAC 地址的命令格式如下。

  port-security mac-address sticky

2）手工绑定粘贴 MAC 地址和所属 VLAN 的命令格式如下。

  port-security mac-address sticky mac-address vlan vlan-id

其中，mac-address 表示 MAC 地址，vlan-id 表示 vlan-id。

例如，在 GigabitEthernet0/0/3 端口配置端口安全粘贴 MAC 地址，手工绑定粘贴 MAC

地址为 5489-98D8-71D5，所属 VLAN 为 1，配置其他非安全 MAC 地址数据帧的处理动作为 restrict，其配置命令如下。

```
[Huawei-GigabitEthernet0/0/3]port-security enable          #打开端口安全功能
[Huawei-GigabitEthernet0/0/3]port-security mac-address sticky    #打开安全粘贴 MAC 功能
[Huawei-GigabitEthernet0/0/3]port-security max-mac-num 1
                                #限制安全 MAC 地址最大数量为 1 个，默认为 1
[Huawei-GigabitEthernet0/0/3]port-security mac-address sticky 5489-98D8-71D5 vlan 1
                                #手工绑定粘贴 MAC 地址和所属 VLAN
[Huawei-GigabitEthernet0/0/3]port-security protect-action  restrict
                                #配置其他非安全 MAC 地址数据帧的处理动作
[Huawei-GigabitEthernet0/0/3] display mac-address         #查看粘贴 MAC 地址状态
```

8. 配置 MAC 地址防漂移功能

MAC 地址漂移就是在一个端口学习到的 MAC 地址在同一个 VLAN 中的其他端口上也被学习到，这样后学习的 MAC 地址信息就会覆盖先学到的 MAC 地址信息（出端口频繁变动）。这种情况多发生在出现环路时，所以这个功能也可以用来排查和解决环路问题。

MAC 地址防止漂移功能的原理是，在端口上配置优先级，优先级高的端口学习到的 MAC 地址不会被优先级低的其他端口学到。如果优先级相同，那么可以配置不允许相同优先级的端口学习到同一个 MAC 地址。配置 MAC 地址防漂移功能的命令格式如下。

1）MAC 漂移检测：

```
mac-address flapping detection
```

2）配置端口优先级：

```
mac-learning priority priority
```

其中，priority 表示优先级，默认为 0。

3）端口发生 MAC 地址漂移后关闭：

```
mac-address flapping trigger error-down
```

4）查看 MAC 地址漂移记录：

```
display mac-address flapping record
```

例如，在 GigabitEthernet0/0/2 接口开启 MAC 漂移检测，配置该端口的优先级为 3，该接口的 MAC 地址漂移到 GigabitEthernet0/0/3，GigabitEthernet0/0/3 接口将被关闭，然后查看 MAC 地址漂移记录，其配置命令如下。

```
[Huawei]mac-address flapping detection
[Huawei]interface g0/0/2
[Huawei-GigabitEthernet0/0/2]mac-learning priority 3
[Huawei-GigabitEthernet0/0/2]mac-address flapping trigger error-down
[Huawei-GigabitEthernet0/0/2]quit
```

```
[Huawei]interface g0/0/3
[Huawei-GigabitEthernet0/0/3]mac-address flapping trigger error-down
[Huawei-GigabitEthernet0/0/3]quit
[Huawei]display mac-address flapping record
```

配置完成后，当 GigabitEthernet g0/0/2 的 MAC 漂移到 GigabitEthernet g0/0/3 后，GigabitEthernet g0/0/3 端口将被关闭。

9．对丢弃全 0 的 MAC 地址报文功能，进行配置

在网络中，一些主机或者设备在发生故障时，会发送源 MAC 地址和目的 MAC 地址为全 0 的帧，可以配置交换机以丢弃这些错误报文的功能。丢弃全 0 的 MAC 地址报文功能的配置命令格式如下。

1) 打开"丢弃全 0 的 MAC 地址"功能：

```
drop illegal-mac enable
```

2) 开启 snmp 的 lldptrap 告警功能：

```
snmp-agent trap enable feature-name lldptrap
```

3) 打开"收到全 0 的报文告警"功能：

```
drop illegal-mac alarm
```

其中，打开"收到全 0 的报文告警"功能的前提是必须开启 snmp 的 lldptrap 告警功能。例如，在交换机上打开"丢弃全 0 的 MAC 地址"功能，开启 snmp 的 lldptrap 告警功能，然后打开"收到全 0 的报文告警"功能，其配置命令如下。

```
[Huawei]drop illegal-mac enable
[Huawei]snmp-agent trap enable feature-name lldptrap
[Huawei]drop illegal-mac alarm
```

10．配置 MAC 地址刷新 ARP 功能

MAC 信息更新后（如用户更换接入端口），自动刷新 ARP 表项功能。在系统视图下，配置 MAC 地址刷新 ARP 功能的命令格式如下。

```
mac-address update arp
```

11．配置端口桥接功能

正常情况下，交换机在收到源 MAC 地址和目的 MAC 地址的出接口为同一个端口的报文时，就认为该报文为非法报文，进行丢弃，但是有些情况下数据帧的源 MAC 地址和目的 MAC 地址又确实是同一个出接口，为了让交换机能够不丢弃这些特殊情况下的帧，需要启用交换的端口桥功能。例如，交换机下挂了不具备二层转发能力的 Hub 设备，或者下挂了一台启用了多个虚拟机的服务器，这样这些下挂设备的下面的主机通信都是通过交换机的同一个接口收发的，所以这些帧是正常的帧，不能丢弃。在接口视图，配置端口桥接功能的命令格式如下。

port bridge enable

例如，在 GigabitEthernet 0/0/10 接口开启桥接功能，其配置命令如下：

[Huawei]interface g0/0/10
[Huawei-GigabitEthernet0/0/10] port bridge enable
[Huawei-GigabitEthernet0/0/10] quit

5.3 基本访问控制列表

5.3.1 基本访问控制列表简介

码 5-3　基本访问控制列表

访问控制是网络安全防范和保护的主要策略，它的主要任务是保证网络资源不被非法使用和访问。它是保证网络安全最重要的核心策略之一。访问控制涉及的技术也比较广，包括入网访问控制、网络权限控制、目录级控制及属性控制等。

访问控制列表（Access Control Lists，ACL）是应用在路由器端口的，由 permit 或 deny 语句组成的一系列有顺序的规则集合。这些规则根据数据包的源地址、目的地址、源端口、目的端口等信息来描述。ACL 规则通过匹配报文中的信息对数据包进行分类，路由设备根据这些规则判断哪些数据包可以通过，哪些数据包需要拒绝。

按照访问控制列表的用途，可以分为基本的访问控制列表和高级的访问控制列表，基本ACL 可使用报文的源 IP 地址、时间段信息来定义规则，编号范围为 2000～2999。

一个 ACL 可以由多条 deny/permit 语句来组成，每一条语句描述一条规则，每条规则有一个 Rule-ID。Rule-ID 可以由用户进行配置，也可以由系统自动根据步长生成，默认步长为 5。Rule-ID 默认按照配置先后顺序分配 0、5、10、15 等，匹配顺序按照 ACL 的 Rule-ID 的顺序，从小到大进行匹配。

访问控制列表不但可以起到控制网络流量、流向的作用，而且在很大程度上起到保护网络设备、服务器的关键作用。作为外网进入企业内网的第一道关卡，路由器上的访问控制列表成为保护内网安全的有效手段。

此外，在路由器的许多其他配置任务中都需要使用访问控制列表，如网络地址转换（Network Address Translation，NAT）、按需拨号路由（Dial on Demand Routing，DDR）、路由重分布（Routing Redistribution）、策略路由（Policy-Based Routing，PBR）等。

访问控制列表从概念上来讲并不复杂，复杂的是对它的配置和使用，许多初学者往往在使用访问控制列表时会出现错误。

基本访问控制列表的主要功能和分类如下。

1. 基本访问控制列表的功能

1）限制网络流量，提高网络性能。例如，ACL 可以根据数据包的协议指定这种类型的数据包具有更高的优先级，同等情况下可预先被网络设备处理。

2）提供对通信流量的控制手段。

3）提供网络访问的基本安全手段。

4）在网络设备端口处，决定哪种类型的通信流量被转发、哪种类型的通信流量被阻塞。

2. 基本访问控制列表的分类

（1）标准 IP 访问控制列表

一个标准 IP 访问控制列表匹配 IP 包中的源地址或源地址中的一部分，可对匹配的包采取拒绝或允许两个操作。编号范围从 1~99 的访问控制列表是标准 IP 访问控制列表。

（2）扩展 IP 访问控制列表

扩展 IP 访问控制列表比标准 IP 访问控制列表具有更多的匹配项，包括协议类型、源地址、目的地址、源端口、目的端口和 IP 优先级等。编号范围从 100~199 的访问控制列表是扩展 IP 访问控制列表。

（3）命名的 IP 访问控制列表

命名的 IP 访问控制列表是以列表名代替列表编号来定义 IP 访问控制列表的，同样包括标准和扩展两种列表，定义过滤的语句与编号方式中的相似。

（4）标准 IPX 访问控制列表

标准 IPX 访问控制列表的编号范围是 800~899，它检查 IPX 源网络号和目的网络号，同样可以检查源地址和目的地址的结点号部分。

（5）扩展 IPX 访问控制列表

扩展 IPX 访问控制列表在标准 IPX 访问控制列表的基础上增加了对 IPX 报头中以下几个字段的检查，它们是协议类型、源 Socket、目标 Socket。扩展 IPX 访问控制列表的编号范围是 900~999。

（6）命名的 IPX 访问控制列表

与命名的 IP 访问控制列表一样，命名的 IPX 访问控制列表使用列表名取代列表编号，从而方便定义和引用列表，同样有标准和扩展之分。

3. 基本访问控制列表配置

1) 创建一个 ACL 编号：

    acl acl-num

其中，acl-num 的范围是 2000~2999。

2) 允许源地址的数据包通过：

    rule rule-id permit source source-ip-address network-mask(反掩码)

其中，rule-id 表示规则 ID，source-ip-address 表示源 IP 地址，network-mask（反掩码）表示反掩码。

3) 拒绝源地址的数据包通过：

    rule rule-id deny source source-ip-address network-mask(反掩码)

其中，rule-id 表示规则 ID；source-ip-address 表示源 IP 地址，若拒绝任意源地址的数据包通过，则用 any；network-mask（反掩码）表示反掩码。

4) 在 VTY（Virtual Teletype Terminal，虚拟终端）中调用 ACL：

    acl acl-num inbound

其中，acl-num 表示指定的 ACL 编号，其范围是 2000～2999。

5）查看 ACL 配置信息：

display acl all

5.3.2 基于 ACL 的实训项目

1．实训内容

码 5-4 基本 ACL 的实训项目

本实训模拟企业网环境，R1 为分支机构 A 管理员所在的 IT 部门的网关，R2 为分支机构 A 用户部门的网关，R3 为分支机构 A 去往总部出口的网关设备，R4 为总部核心路由器设备。整网运行 OSPF 协议，并在区域 0 内。企业设计通过远程方式管理核心网路由器 R4，要求只能 R1 所连的 PC 访问 R4，其他设备均不能访问。

2．实训拓扑

本实训的网络拓扑图如图 5-1 所示。

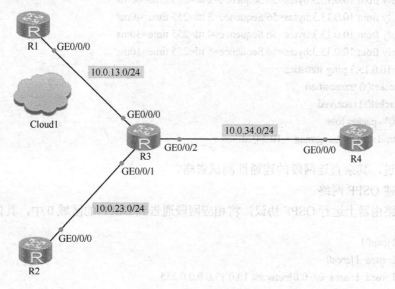

图 5-1 实训拓扑图 1

3．实训编址

端口与 IP 地址对应表见表 5-1。

表 5-1 端口与 IP 地址对应表

设 备	端 口	IP 地址	子网掩码	默认网关
R1	GE0/0/0	10.0.13.1	255.255.255.0	N/A
	Loopback0	1.1.1.1	255.255.255.255	N/A
R2	GE0/0/0	10.0.23.2	255.255.255.0	N/A
R3	GE0/0/0	10.0.13.3	255.255.255.0	N/A
	GE0/0/1	10.0.23.3	255.255.255.0	N/A

（续）

设备	端口	IP地址	子网掩码	默认网关
R3	GE0/0/2	10.0.34.3	255.255.255.9	N/A
	Loopback0	3.3.3.3	255.255.255.255	N/A
R4	GE0/0/0	10.0.34.4	255.255.255.0	N/A
	Loopback0	4.4.4.4	255.255.255.255	N/A

4. 实训步骤

（1）基本配置

根据以上地址表进行相关的基本配置，并使用 ping 命令检测各直连链路的联通性，具体操作如下。

```
[R1]ping10.0.13.3
PING10.0.13.3:56 data bytes,press CTRL_C to break
  Reply from 10.0.13.3:bytes=56 Sequence=1 ttl=255 time=130ms
  Reply from 10.0.13.3:bytes=56 Sequence=2 ttl=255 time=60ms
  Reply from 10.0.13.3:bytes=56 Sequence=3 ttl=255 time=40ms
  Reply from 10.0.13.3:bytes=56 Sequence=4 ttl=255 time=30ms
  Reply from 10.0.13.3:bytes=56 Sequence=5 ttl=255 time=10ms
----10.0.13.3 ping statistics----
  5 packet(s) transmitted
  5 packet(s) received
  0.00% packet loss
  Round-trip min/avg/max = 10/54/130ms
```

测试通过，其余直连网段的连通性测试省略。

（2）搭建 OSPF 网络

在所有路由器上运行 OSPF 协议，将相应网段通告到 OSPF 的区域 0 中，具体操作如下。

```
[R1]ospf 1
[R1-ospf-1]area0
[R1-ospf-1-area-0.0.0.0]network 10.0.13.0 0.0.0.255
[R1-ospf-1-area-0.0.0.0]network 1.1.1.1 0.0.0.0
[R2]ospf1
[R2-ospf-1]area0
[R2-ospf-1-area-0.0.0.0]network 10.0.23.0 0.0.0.255
[R3]ospf1
[R3-ospf-1]area0
[R3-ospf-1-area-0.0.0.0]network 10.0.13.0 0.0.0.255
[R3-ospf-1-area-0.0.0.0]network 10.0.23.0 0.0.0.255
[R3-ospf-1-area-0.0.0.0]network 10.0.34.0 0.0.0.255
[R3-ospf-1-area-0.0.0.0]network 3.3.3.3 0.0.0.0
[R4]ospf1
[R4-ospf-1]area0
[R4-ospf-1-area-0.0.0.0]network 10.0.34.0 0.0.0.255
```

[R4-ospf-1-area-0.0.0.0]network 4.4.4.4 0.0.0.0

配置完成之后，可以在路由表上查看 OSPF 路由信息，具体操作如下。

```
<R1>display ip routing-table
Route Flags: R - relay, D - download to fib
————————————————————————————————————————————————
Routing Tables: Public
Destinations : 12        Routes : 12
Destination/Mask    Proto    Pre    Cost Flags NextHop      Interface
1.1.1.1/32          Direct   0      0     D    127.0.0.1    LoopBack0
3.3.3.3/32          OSPF     10     1     D    10.0.13.3    GigabitEthernet0/0/0
4.4.4.4/32          OSPF     10     2     D    10.0.13.3    GigabitEthernet0/0/0
10.0.13.0/24        Direct   0      0     D    10.0.13.1    GigabitEthernet0/0/0
10.0.13.1/32        Direct   0      0     D    127.0.0.1    GigabitEthernet0/0/0
10.0.13.255/32      Direct   0      0     D    127.0.0.1    GigabitEthernet0/0/0
10.0.23.0/24        OSPF     10     2     D    10.0.13.3    GigabitEthernet0/0/0
10.0.34.0/24        OSPF     10     2     D    10.0.13.3    GigabitEthernet0/0/0
127.0.0.0/8         Direct   0      0     D    127.0.0.1    InLoopBack0
127.0.0.1/32        Direct   0      0     D    127.0.0.1    InLoopBack0
127.255.255.255/32  Direct   0      0     D    127.0.0.1    InLoopBack0
255.255.255.255/32  Direct   0      0     D    127.0.0.1    InLoopBack0
```

路由器 R1 已经学习到了相关网段的路由条目，测试 R1 的环回端口与 R4 的环回端口之间的联通性，具体操作如下。

```
<R1>ping –a 1.1.1.1 4.4.4.4
PING 4.4.4.4:56    data bytes,press CTRL_C to break
Reply from 4.4.4.4:byres=56 Sequence=1 ttl=254 times=20ms
Reply from 4.4.4.4:byres=56 Sequence=1 ttl=254 times=20ms
Reply from 4.4.4.4:byres=56 Sequence=1 ttl=254 times=10ms
Reply from 4.4.4.4:byres=56 Sequence=1 ttl=254 times=20ms
Reply from 4.4.4.4:byres=56 Sequence=1 ttl=254 times=20ms
----4.4.4.4ping statistics----
5 packet(s) transmitted
5 packet(s) received
0.00% packet loss
round-trip min/avg/max = 10/18/20 ms
```

通信正常，其他路由器之间的测试省略。

（3）配置基本 ACL 控制访问

在总部核心路由器 R4 上配置 Telnet 相关配置，配置用户密码为 huawei，具体操作如下。

```
[R4]user-interface vty 0 4
[R4-ui-vty0-4]authentication-mode password
Please configure the login password(maximum length 16):Huawei
```

配置完成后，尝试在IT部门网关设备R1上建立Telnet连接，具体操作如下。

```
<R1>telnet 4.4.4.4
Press CTRL_]to quit telnet mode
Trying 4.4.4.4 …
Connected to 4.4.4.4…
Login authentication
Password:
<R4>
```

可以观察到，从R1可以成功登录R4。再尝试在普通员工部门网关设备R2上建立连接，具体操作如下。

```
<R2>telnet 4.4.4.4
Press CTRL_] to quit telnet mode
Trying 4.4.4.4…
Connected to 4.4.4.4…
Login authentication
Password:
<R4>
```

这时发现，只要是路由可达的设备，并且拥有Telnet的密码，就可以成功访问核心设备R4。这显然是极不安全的。网络管理员通过配置标准的ACL来实现访问过滤，禁止普通员工设备登录。

基本的ACL可以针对数据包的源IP地址进行过滤，在R4上使用acl命令创建一个编号型ACL，基本ACL的范围是2000~2999，具体操作如下。

```
[R4]acl 2000
```

接下来在ACL视图中，使用rule命令配置ACL规则，指定规则ID为5，允许数据包源地址为1.1.1.1的报文通过，反掩码为全0，即精确配置，具体操作如下。

```
[R4-acl-basic-2000]rule 5 permit source 1.1.1.1 0
```

使用rule命令配置第二条规则，指定规则ID为10，拒绝任意源地址的数据包通过，具体操作如下。

```
[R4-acl-basic-2000]rule 10 deny source any
```

在上面的ACL配置中，第一条规则的规则ID定义为5，并不是1；第二条定义为10，也不与5连续，这样配置的好处是能够方便后续的修改或插入新的条目。在配置时也可以不采用手工的方式指定规则ID，ACL会自动分配规则ID，第一条为5，第二条为10，第三条为15，以此类推，即默认步长为5，该步长的参数也是可修改的。

ACL配置完成后，在VTY中调用。使用inbound参数，即在R4的数据的入方向上调用，具体操作如下。

```
[R4]user-interface vty 0 4
[R4-ui-vty0-4]acl 2000 inbound
```

配置完成后，使用 R1 的环回端口地址 1.1.1.1 测试访问 4.4.4.4 的联通性，具体操作如下。

```
<R1>telnet-a 1.1.1.1 4.4.4.4
Press CTRL_] to quit telnet mode
Trying 4.4.4.4…
Connected to 4.4.4.4…
Lgin authentication
Password:
<R4>
```

发现没有问题，然后尝试在 R2 上访问 R4，具体操作如下。

```
<R2>telnet 4.4.4.4
Press CTRL_] to quit telnet mode
Tying 4.4.4.4
Error: Can't connect to the remote host
<R2>
```

可以观察到，此时 R2 已经无法访问 4.4.4.4，即上述 ACL 配置已经生效。

（4）基本的 ACL 的语法规则

ACL 的执行是有顺序性的，ACL 作为一个规则组，可以保存多个规则，每个规则通过规则 ID 标识，如果规则 ID 已经被命中，并且执行了允许或拒绝的动作，那么后续的规则就不会被继续匹配。

在 R4 上使用 display acl all 命令查看设备上的所有访问控制列表，具体操作如下。

```
<R4>display acl all
Total quantity of nonempty ACL number is 1
Basic ACL 2000, 2 rules
ACL's step is 5
Rule 5 permit source 1.1.1.1 0
Rule 10 deny
```

以上是目前 ACL 的所有配置信息。根据上一步骤的配置，R4 中存在一个基本 ACL，有两个规则，且根据这两个规则已经将 R2 的访问拒绝。现出现新的需求，需要 R3 能够使用其环回端口地址 3.3.3.3 访问 R4。

首先尝试使用规则 ID5 来添加允许 3.3.3.3 访问的规则，具体操作如下。

```
[R4]acl 2000
[R4-acl-basic-2000]rule 15 permit source 3.3.3.3 0
```

配置完成后，尝试使用 R3 的 3.3.3.3 访问 R4，具体操作如下。

```
<R3>telnet –a 3.3.3.3 4.4.4.4
```

```
        Press CTRL_]to quit telnet mode
        Tying 4.4.4.4…
        Error: Can't connect to the remote host
        <R3>
```

此时发现无法访问。按照 ACL 匹配顺序，这是由于规则为 10 的条目拒绝所有行为，则后续所有的允许规则都不会被匹配。若要此规则生效，必须添加在拒绝所有的规则 ID 之前。

在 R4 上修改 ACL 2000，将规则 ID 改为 8，具体操作如下。

```
        [R4]acl  2000
        [R4-acl-basic-2000]undo rule 15
        [R4acl-basic-2000]rule 8 permit source 3.3.3.3 0
```

配置完成后，再次尝试使用 R3 的环回端口访问 R4，具体操作如下。

```
        <R3>telnet-a 3.3.3.3 4.4.4.4
        Press CTRL_]to quit telnet mode
        Tying 4.4.4.4…
        Connected to 4.4.4.4…
        Login authentication
        Password:
        <R4>
```

此时访问成功，证明配置已经生效。

【思考】

在本实训中，如果 ACL 不配置在 R4 上，那么该如何设置？有什么优缺点？

5.4 高级访问控制列表

5.4.1 高级访问控制列表简介

码 5-5 高级访问控制列表

基本的 ACL 只能用于匹配源 IP 地址，而在实际应用当中往往需要针对数据包的其他参数进行匹配，如目的 IP 地址、协议号、端口号等，所以基本的 ACL 由于匹配的局限性而无法实现更多的功能，因此就需要使用高级的访问控制列表。

高级的访问控制列表在匹配项上做了扩展，编号范围为 300~3999，既可使用报文的源 IP 地址，也可使用目的地址、IP 优先级、IP 类型、ICMP 类型、TCP 源端口/目的端口、UDP 源端口/目的端口号等信息来定义规则。

高级访问控制列表可以定义比基本访问控制列表更准确、更丰富、更灵活的规则，也因此得到了更广泛的使用。

5.4.2 基于高级 ACL 的实训项目

1. 实训内容

本实训模拟企业网环境，R1 为分支机构 A 管理员所

码 5-6 基于高级 ACL 的实训项目

在的 IT 部门的网关，R2 为分支机构 A 用户部门的网关，R3 为分支机构 A 去往总部出口的网关设备，R4 为总部核心路由器设备。企业原始设计思路是想要通过远程方式管理核心网路由器 R4，要求由 R1 所连的 PC 可以访问 R4，其他设备均不能访问。同时又要求只能管理 R4 上的 4.4.4.4 这台服务器，另一台同样直连 R4 的服务器 40.40.40.40 不能被管理。

2．实训拓扑

本实训的网络拓扑图如图 5-2 所示。

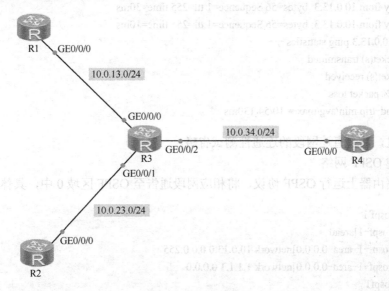

图 5-2　实训拓扑图 2

3．实训编址

端口与 IP 地址对应表见表 5-2。

表 5-2　端口与 IP 地址对应表

设　备	端　　口	IP 地址	子网掩码	默认网关
R1	GE0/0/0	10.0.13.1	255.255.255.0	N/A
	Loopback0	1.1.1.1	255.255.255.255	N/A
R2	GE0/0/0	10.0.23.2	255.255.255.0	N/A
R3	GE0/0/0	10.0.13.3	255.255.255.0	N/A
	GE0/0/1	10.0.23.3	255.255.255.0	N/A
	GE0/0/2	10.0.34.3	255.255.255.0	N/A
	Loopback0	3.3.3.3	255.255.255.255	N/A
R4	GE0/0/0	10.0.34.4	255.255.255.0	N/A
	Loopback0	4.4.4.4	255.255.255.255	N/A
	Loopback1	40.40.40.40	255.255.255.255	N/A

4．实训步骤

（1）基本配置

根据以上地址表进行相应的基本配置，并使用 ping 命令检测各直连链路的联通性，具体操作如下。

```
[R1]ping 10.0.13.3
PING 10.0.13.3:56 data bytes,press CTRL_C to break
Reply from 10.0.13.3: bytes=56 Sequence=1 ttl=255 time=130ms
Reply from 10.0.13.3: bytes=56 Sequence=1 ttl=255 time=60ms
Reply from 10.0.13.3: bytes=56 Sequence=1 ttl=255 time=40ms
Reply from 10.0.13.3: bytes=56 Sequence=1 ttl=255 time=30ms
Reply from 10.0.13.3: bytes=56 Sequence=1 ttl=255 time=10ms
----10.0.13.3 ping statistics ----
5 packet(s) transmitted
5 paket(s) received
0.00% packet loss
Round-trip min/avg/max = 10/54/130ms
```

测试通过，其余直连网段的连通性测试省略。

（2）搭建 OSPF 网络

在所有路由器上运行 OSPF 协议，将相应网段通告至 OSPF 区域 0 中，具体操作如下。

```
[R1]ospf 1
[R1-ospf-1]area0
[R1-ospf-1-area-0.0.0.0]network 10.0.13.0 0.0.0.255
[R1-ospf-1-area-0.0.0.0]network 1.1.1.1 0.0.0.0
[R2]ospf1
[R2-ospf-1]area0
[R2-ospf-1-area-0.0.0.0]network 10.0.23.0 0.0.0.255
[R3]ospf1
[R3-ospf-1]area0
[R3-ospf-1-area-0.0.0.0]network 10.0.13.0 0.0.0.255
[R3-ospf-1-area-0.0.0.0]network 10.0.23.0 0.0.0.255
[R3-ospf-1-area-0.0.0.0]network 10.0.34.0 0.0.0.255
[R3-ospf-1-area-0.0.0.0]network 3.3.3.3 0.0.0.0
[R4]ospf1
[R4-ospf-1]area0
[R4-ospf-1-area-0.0.0.0]network 10.0.34.0 0.0.0.255
[R4-ospf-1-area-0.0.0.0]network 4.4.4.4 0.0.0.0
[R4-ospf-1-area-0.0.0.0]network 40.40.40.40 0.0.0.0
```

配置完成之后，可以在路由表上查看 OSPF 路由信息，具体操作如下。

```
<R1>dis ip routing-table
Route Flags: R - relay, D - download to fib
----------------------------------------------------------------
Routing Tables: Public
    Destinations : 13        Routes : 13
Destination/Mask    Proto    Pre    Cost    Flags    NextHop       Interface
1.1.1.1/32          Direct   0      0       D        127.0.0.1     LoopBack0
```

152

3.3.3.3/32	OSPF	10	1		D	10.0.13.3	GigabitEthernet0/0/0
4.4.4.4/32	OSPF	10	2		D	10.0.13.3	GigabitEthernet0/0/0
10.0.13.0/24	Direct	0	0		D	10.0.13.1	GigabitEthernet0/0/0
10.0.13.1/32	Direct	0	0		D	127.0.0.1	GigabitEthernet0/0/0
10.0.13.255/32	Direct	0	0		D	127.0.0.1	GigabitEthernet0/0/0
10.0.23.0/24	OSPF	10	2		D	10.0.13.3	GigabitEthernet0/0/0
10.0.34.0/24	OSPF	10	2		D	10.0.13.3	GigabitEthernet0/0/0
40.40.40.40/32	OSPF	10	2		D	10.0.13.3	GigabitEthernet0/0/0
127.0.0.0/8	Direct	0	0		D	127.0.0.1	InLoopBack0
127.0.0.1/32	Direct	0	0		D	127.0.0.1	InLoopBack0
127.255.255.255/32	Direct	0	0		D	127.0.0.1	InLoopBack0
255.255.255.255/32	Direct	0	0		D	127.0.0.1	InLoopBack0

路由器 R1 已经学习到了相关网段的路由条目。
（3）配置 Telnet
在总部核心路由器 R4 上配置 Telnet 相关配置，配置用户密码为 huawei，具体操作如下。

```
[R4]user-inerface vty 0 4
[R4-ui-vty0-4]authentication-mode password
Please configure the login password(maximum length 16):Huawei
```

配置完成后，尝试在 R1 上建立与 R4 的环回端口 0 的 IP 地址的 Telnet 连接，具体操作如下。

```
<R1>telnet –a 1.1.1.1 4.4.4.4
Press CTRL_]to quit telnet mode
Trying 4.4.4.4 …
Connected to 4.4.4.4…
Login authentication
Password：
<R4>
```

可以观察到，通过 R1 已经可以成功登录 R4。
再尝试在 R1 上建立与 R4 的环回端口 1 的 IP 地址的 Telnet 连接，具体操作如下。

```
<R1>telnet –a 1.1.1.1 40.40.40.40
Press CTRL_]to quit telnet mode
Trying 40.40.40.40 …
Connected to 40.40.40.40…
Login authentication
Password：
<R4>
```

这时发现，只要是路由可达的设备，并且拥有 Telnet 的密码，都可以成功正常登录。
（4）配置高级 ACL 控制访问
根据设计要求，R1 的环回端口只能通过 R4 上的 4.4.4.4 进行 Telnet 访问，但是不能通过 40.40.40.40 访问。

如果要使 R1 只能通过访问 R4 的环回端口 0 地址登录设备，即同时匹配数据包的源地址和目的地址以实现过滤，此时通过标准 ACL 是无法实现的，因为 ACL 只能通过匹配源地址实现过滤，所以需要使用高级 ACL。

在 R4 上使用 acl 命令创建一个高级 ACL 3000，具体操作如下。

```
[R4]acl 3000
```

在高级 ACL 视图中，使用 rule 命令配置 ACL 规则，IP 为协议类型，允许源地址为 1.1.1.1、目的地址为 4.4.4.4 的数据包通过，具体操作如下。

```
[R4-acl-adv-30000]rule permit ip source 1.1.1.1 0 destination 4.4.4.4 0
```

配置完成后，查看 ACL 配置信息，具体操作如下。

```
[R1-acl-adv-3000]dis acl all
Total quantity of nonempty ACL number is 1
Advanced ACL 3000,    1 rule
Acl's step is 5
rule 5 permit ip source 1.1.1.1 0 destination 4.4.4.4 0
```

可以观察到，在不指定规则 ID 的情况下，默认步长为 5，第一条规则的规则 ID 为 5。

将 ACL 3000 调用到 VTY 下，使用 inbound 参数，即在 R4 的数据的入方向上调用，具体操作如下。

```
[R4]user-interface vty 0 4
[R4-ui-vty0-4]acl 3000 inbound
```

配置完成后，在 R1 上使用环回端口地址尝试访问 40.40.40.40，具体操作如下：

```
<R1>telnet –a 1.1.1.1 40.40.40.40
Press CTRL_]to quit telnet mode
Trying 40.40.40.40…
Error：Can't connect to the remote host
<R1>
```

可以观察到，此时过滤已经实现，R1 不能使用环回端口地址访问 40.40.40.40。

此外，高级 ACL 还可以实现对源/目的端口、协议号等信息的匹配，功能非常强大。

5.5 本章小结

随着 Internet 的迅速发展，互联网已成为人们传递信息、快速获取和发布信息的重要渠道，相应的网络安全问题也就受到了广大群众的关注。现在的各种安全技术不但能够防止个人信息泄露和被恶意代码篡改，而且能够有效地保护政府部门、教育机构和网络运营商的合法权益。由于网络安全问题日益突出，政府对网络

码 5-7　本章小结

安全广泛重视，近年来网络安全技术得到了快速发展，网络安全技术也变得日益重要。

网络的安全问题包含网络的系统安全和网络的信息安全两方面的内容。网络安全技术是保证网络安全的重要保障。网络安全技术主要包括物理安全分析技术、网络结构安全分析技术、系统安全分析技术、管理安全分析技术，以及其他的安全服务和安全机制策略等。

交换机针对网络安全问题提供了多种安全机制，包括地址绑定、端口隔离、接入认证等。最常用的保证端口安全的方法就是根据 MAC 地址对网络流量进行控制和管理，如 MAC 地址与具体的端口绑定，限制具体端口通过的 MAC 地址的数量，或者在具体的端口不允许某些 MAC 地址的帧流量通过。

访问控制列表（Access Control List，ACL）是路由器和交换机端口的指令列表，用来控制端口进/出的数据包。ACL 适用于所有的路由协议，如 IP、IPX、AppleTalk 等。信息点间通信和内外网络的通信都是企业网络中必不可少的业务需求。为了保证内网的安全性，需要通过安全策略来保障非授权用户只能访问特定的网络资源，从而达到对访问进行控制的目的。简而言之，ACL 可以过滤网络中的流量，是控制访问的一种网络技术手段。

配置 ACL 后，可以限制网络流量，允许特定设备访问，指定转发特定端口数据包等。如可以配置 ACL，禁止局域网内的设备访问外部公共网络，或者只能使用 FTP 服务。ACL 既可以在路由器上配置，也可以在具有 ACL 功能的业务软件上进行配置。

ACL 通常应用在企业的出口控制上。通过实施 ACL，可以有效部署企业网络出网策略。随着局域网内部网络资源的增加，一些企业已经开始使用 ACL 来控制对局域网内部资源的访问能力，进而来保障这些资源的安全性。

5.6 本章练习

码 5-8　本章练习答案

一、填空题

1．MAC 地址表分为以下 3 种_____、_____和_____。

2．_____是用于控制和过滤通过路由器的不同接口去往不同方向的信息流的一种机制。

3．访问控制涉及的技术比较广，包括_____、_____、_____和_____等多种手段。

4．访问控制列表最基本的功能是_____。

二、选择题

1．基本访问控制列表功能包括（　　）。
   A．限制网络流量，提高网络性能
   B．提供对通信流量的控制手段
   C．提供网络访问的基本安全手段
   D．在网络设备接口处，决定哪种类型的通信流量被转发、哪种类型的通信流量被阻塞

2．以下情况可以使用访问控制列表准确描述的是（　　）。
   A．禁止有 CIH 病毒的文件到我的主机
   B．只允许系统管理员可以访问我的主机

C. 禁止所有使用 Telnet 的用户访问我的主机
D. 禁止使用 UNIX 系统的用户访问我的主机
3. 标准访问控制列表以（　　）作为判别条件。
   A. 数据包的大小　　　　　　　B. 数据包的源地址
   C. 数据包的端口号　　　　　　D. 数据包的目的地址
4. 下列对访问控制列表的描述不正确的是（　　）。
   A. 访问控制列表能决定数据是否可以到达某处
   B. 访问控制列表可以用来定义某些过滤器
   C. 一旦定义了访问控制列表，则其所规范的某些数据包就会严格被允许或拒绝
   D. 访问控制列表可以应用于路由更新的过程当中

三、简答题

1. 网络安全技术有哪些？
2. 以太网交换机针对网络安全问题提供了哪几种安全机制？
3. 简述基于基本访问控制列表（ACL）的配置命令及步骤。
4. 高级访问控制列表与基本访问控制列表相比，具有哪些优越性？

第6章 互联互通的广域网

本章要点

- 掌握 HDLC 协议的特性、帧格式、工作原理及配置命令。
- 掌握 PPP 协议的特性、两种验证的原理与配置方法。
- 掌握 NAT 的工作原理及配置方法。

广域网是在一个广阔的地理区域内进行数据、语音、图像信息传输的计算机网络。由于远距离数据传输的带宽有限，因此广域网的数据传输速率比局域网要慢得多。广域网可以覆盖一个城市、一个国家甚至全球。因特网（Internet）是广域网的一种，但它不是一种具体独立性的网络，它将同类或不同类的物理网络（局域网、广域网与城域网）互联，并通过高层协议实现不同类网络间的通信。从地理范围来说，它可以是全球计算机的互联，这种网络的最大特点是不定性，整个网络的计算机每时每刻随着人们网络的接入而变化。互联网的优点就是信息量大，传播广。因为这种网络的复杂性，所以互联网这种网络实现的技术也是非常复杂的。

本章将介绍构建广域网中应用的 HDLC、PPP、NAT 等相关技术的概念、原理及配置方法。

码 6-1 HDLC 简介

6.1 HDLC 简介

HDLC（High Level Data Link Control，高级数据链路控制）协议是由 IBM 的 SDLC（Synchronous Data Link Control，同步数据链控制）协议演变而来的。ANSI（American National Standards Institute，美国国家标准局）和 ISO（International Organization for Standardization，国际标准化组织）均采纳并发展了 SDLC，并分别提出了自己的标准。ANSI 提出了 ADCCP（Advanced Data Communication Control Procedure，高级通信控制过程），而 ISO 提出了 HDLC。

6.1.1 HDLC 概述

高级数据链路控制协议也称链路通信规程，也就是 OSI 参考模型中的数据链路层协议。数据链路控制协议一般可分为异步协议和同步协议两大类。

1. 异步协议

异步协议以字符为独立的信息传输单位，在每个字符的起始处开始对字符内的比特实现同步，但字符与字符之间的间隔时间是不固定的，也就是字符之间是异步传输的。

由于发送器和接收器中近似于同一频率的两个约定时钟，能够在一段较短的时间内保持同步，因此可以用字符起始处同步的时钟来采样该字符的各个比特，而不需要每个比特

157

同步。

在异步协议中，因为每个字符的传输都要添加诸如起始位、校验位及停止位等冗余位，所以信道利用率很低，一般用于数据速率较低的场合。

2．同步协议

同步协议以许多字符或许多比特组成的数据块为传输单位。这些数据块叫作帧。在帧的起始处同步，在帧内维持固定的时钟。

由于采用帧为传输单位，因此同步协议能更好地利用信道，也便于实现差错控制和流量控制等功能。

同步协议又可分为面向字符的同步协议、面向比特的同步协议及面向字节计数的同步协议。

面向字符的同步协议是最早提出的同步协议，其典型代表是 IBM 公司的 BISY NC（Binary Synchronous Communication，二进制同步通信）协议，通常也称该协议为基本协议。随后 ANSI 和 ISO 都提出了类似的相应的标准。ISO 的标准称为数据通信系统的基本模式控制过程（Information Processing-Basic Mode Control Procedures for Data Communication Systems），即 ISO 1745 标准。

20 世纪 70 年代初，IBM 公司率先提出了面向比特的同步数据控制规程（Synchronous Data Link Control，SDLC）。随后，ANSI 和 ISO 均采纳并发展了 SDLC，并分别提出了自己的标准——ANSI 的 ADCCP（Advanced Data Communications Control Protocol，高级数据通信控制协议）和 ISO 的 HDLC（High Level Data Link Control，高级数据链路控制）。

HDLC 是一种面向比特的链路层协议，其最大特点是对任何一种比特流都可以实现透明的传输。

在 HDLC 中，只要载荷数据流中不存在同标志字段相同的数据，就不至于引起帧边界的错误判断。如果出现与同边界标志字段 F 相同的数据，即数据流中出现连续 6 个 1 的情况，则可以用零比特填充法解决。

在标准 HDLC 协议格式中没有包含标识所承载的上层协议信息的字段，所以在使用标准 HDLC 协议的单一链路上只能承载单一的网络层协议。

为了提高 HDLC 的适应能力，一些厂商在实现中对其进行了一些修改，每个厂商的 HDLC 都是私有的，不兼容的。

6.1.2 HDLC 的基本原理

1．HDLC 的帧格式

在 HDLC 中，数据和控制报文均以帧的标准格式传送。总体上，HDLC 有 3 种不同类型的帧：信息帧（I 帧）、监控帧（S 帧）和无编号帧（U 帧）。这 3 种类型不同的 HDLC 帧在 HDLC 协议中发挥着不同的作用。

1）信息帧用于传送用户数据。

2）监控帧用于差错控制和流量控制。

3）无编号帧用于提供对链路的建立、拆除及多种控制功能。

HDLC 帧由标志、地址、控制、信息和帧校验序列等字段组成，如图 6-1 所示。

| 标志(F) | 地址(A) | 控制(C) | 信息(I) | 帧校验(TCS) | 标志(F) |

图 6-1 HDLC 帧格式

① 标志（F）字段：值为 01111110，标志一个 HDLC 帧的开始和结束，所有的帧必须以 F 字段开头，并以 F 字段结束；邻近两帧之间的 F，既作为前面帧的结束，又作为后续帧的开头。

② 地址（A）字段：占 8bit，用于标识接收或发送 HDLC 帧的地址。

③ 控制（C）字段：占 8bit，用来实现 HDLC 协议的各种控制信息，并标识此帧是否是信息帧。

④ 信息（I）字段：是链路层的有效载荷（用户数据），可以是任意的二进制比特串，长度未限定。其上限由 FCS（帧校验序列）字段或通信结点的缓冲容量来决定，目前国际上用得较多的是 1000～2000bit；而下限可以是 0，即无信息字段。监控帧中不可含有信息字段。

⑤ 帧校验序列（TCS）字段：可以使用 16 位 CRC（循环冗余校验）对两个标志字段之间的整个帧的内容进行校验。

2．HDLC 零比特填充法

如图 6-2 所示，每个 HDLC 帧前/后均有标志字段，取值为 01111110，用作帧的起始、终止指示及帧的同步。标志字段不允许在帧的内部出现，以免引起歧义。为保证标志字段的唯一性，又兼顾帧内数据的透明性，可以采用"零比特填充法"来解决。

图 6-2 HDLC 标志字段

发送端监视除标志字段以外的所有字段，当发现有连续的 5 个 1 出现时，便在其后添插一个 0，然后继续发送后继的比特流。接收端同样监视除起始标志字段以外的所有字段。当发现连续的 5 个 1 出现后，若其后的一个比特为 0，则自动删除它，以恢复原来的数据；若发现连续的 6 个 1，则可能是插入的 0 发生差错变成 1，也可能是收到了帧的终止标志码。后两种情况，可以进一步通过帧中的帧校验序列来加以判断。零比特填充法原理简单，很适合于硬件实现。

3．HDLC 状态检测

HDLC 设备具有简单的探测链路及对端状态的功能。在链路物理层就绪后，HDLC 设备以轮询时间间隔为周期，向链路上发送 Keepalive 消息，探测对方设备是否存在。如果在 3 个周期内无法收到对方发出的 Keepalive 消息，则 HDLC 设备就认为链路不可用，则链路层状态变为 Down。

如图 6-3 所示，同一链路两端设备的轮询时间间隔应设置为相同的值，否则会导致链路不可用。默认情况下，接口的 HDLC 轮询时间间隔为 10s。如果将两端的轮询时间间隔都设置为 0，则禁止链路状态检测功能。

4．HDLC 的特点及使用限制

作为面向比特的同步数据控制协议的典型，HDLC 具有以下几个特点。

图 6-3 HDLC 链路检测

1）协议不依赖于任何一种字符编码集，对于任何一种比特流都可透明传输。
2）全双工通信，有较高的数据链路传输效率。
3）所有的帧（包括响应帧）都有 FCS，对信息帧进行顺序编号，可防止漏收和重收，传输可靠性高。
4）采用统一的帧格式来实现数据、命令、响应的传输，容易实现。
5）不支持验证，缺乏足够的安全性。
6）协议不支持 IP 地址协商。
7）用于点到点的同步链路，如同步模式下的串行接口和 POS 接口等。

HDLC 最大的特点是不需要规定数据必须是字符集，对任何一种比特流都可以实现透明传输。

数据链路控制协议着重对分段成物理块或包的数据进行逻辑传输。块或包也称为帧，由起始标志引导并由终止标志结束。

帧主要用于传输控制信息和响应信息。在 HDLC 中，所有面向比特的数据链路控制协议均采用统一的帧格式，不论是数据，还是单独的控制信息均以帧为单位传输。

HDLC 协议的每个帧前后均有标志 01111110，用作帧的起始符、终止符或指示帧的同步。标志码不会在帧的内部出现，避免了歧义的发生，可以适应任何数据的传输。

由于以上特点，目前的计算机网络和整机内部通信设计经常使用 HDLC 协议。

6.1.3 配置 HDLC

1. HDLC 配置命令

（1）配置端口封装的链路层协议为 HDLC

要在路由器上配置 HDLC 协议，首先应进入相应串口的端口视图，然后用 link-protocol hdlc 命令将 HDLC 配置为链路层协议。配置时应注意的是，链路两端的设备都需要配置为 HDLC，否则无法通信。配置命令如下。

[Router-SeriallI/0]link-protocol hdlc

（2）设置轮询时间间隔

要设置 HDLC 协议的轮询时间间隔，应进入相应串口的端口视图，然后用 timer hold seconds 命令配置时间间隔，单位为 s。默认情况下，端口的 HDLC 协议的轮询时间间隔为 10s，取值范围为 0～32767s，具体操作如下。

[Router-Seriall/0] timer hold seconds

2. 基于 HDLC 的实训项目

如图 6-4 所示，RTA（路由器 A）与 RTB（路由器 B）通过专线连接起来，互连的端口均为 Serial l/0，使用 HDLC 作为广域网协议。

码 6-2 配置 HDLC

图 6-4 HDLC 配置拓扑图

首先配置 RTA，具体操作如下。

```
<RTA>system-view
[RTA]interface Serial 1/0
[RTA-Serial1/0] link-protocol hdlc          //将 RTA Serial 1/0 端口封装的协议改为 HDLC 协议
[RTA-Serial1/0] timer hold 15               //设置 HDLC 协议的轮询时间间隔为 15s
[RTA-Serial1/0]ip address 1.1.1.1 30        //为 Serial 1/0 端口配置 IP 地址，掩码为 30 位
[RTA-Serial1/0] undo shutdown
[RTA-Serial1/0] quit
```

按同样的方法配置 RTB，具体操作如下。

```
<RTB>system-view
[RTB]interface Serial 1/0
[RTB-Serial1/0] link-protocol hdlc          //将 RTB Serial 1/0 端口封装的协议改为 HDLC 协议
[RTB-Serial1/0] timer hold 15               //设置 HDLC 协议的轮询时间间隔为 15s
[RTB-Serial1/0]ip address 1.1.1.2 30        //为 Serial 1/0 端口配置 IP 地址，掩码为 30 位
[RTB-Serial1/0] undo shutdown
[RTB-Serial1/0] quit
```

配置完成后，使用 display interface serial 1/0 查看设备的端口状态，具体操作如下。

```
[RTA]display    interface    serial1/0
Serial 1/0 current state: UP
Line protocol current state: UP
 Description : Serial5/0 Interface
The Maximum Transmit Unit is 1500, Hold timer is 15(sec)
Internet Address is 1.1. 1.1/ 30 Primary
Link layer protocol is HDLC
Output queue: ( Urgent queuing : Size/ Length/ Discards) 0/100/0
Output queue: ( Protocol queuing : Size/Length/Discards) 0/500/0
Output queue: ( FIFO queuing : Size/ Length/ Discards) 0/75/0
Physical layer is synchronous, Virtual baudrate is 64000 bps
Interf ace is DTE, Cable type is V35, Clock mode is DTECLK1
Last clearing of counters: Never
Last 300 seconds input rate 3. 85 bytes/sec, 30 bits/sec, 0 .11 packets/sec
Last 300 seconds output rate 1.46 bytes/sec, 11 bits/sec, 0 .06 packets/sec
Input : 57803 packets, 694760 bytes
0 broadcasts,   0 multicasts
0 errors,   0 runts,   0 giants
0 CRC,   O align errors, 0 overruns
0 dribbles, 0 aborts, 0 no buffers
```

161

```
0 frame errors
Output:57786 packets, 693942 bytes
O errors, 0 underruns, 0 collisions
0 deferred
DCD= UP DTR= UP DSR = UP RTS= UP CTS=UP
```

从上面显示的信息可以看出，RTA 的 Serial 1/0 端口封装的协议为 HDLC，HDLC 协议轮询时间间隔为 15s，接口地址为 1.1.1.1。接口 Serial 1/0 的物理层状态为 UP，链路层状态也为 UP。以上信息表明协议工作状态正常，两台路由器在数据链路层上可以正常通信。

6.2 PPP 简介

码 6-3 PPP 简介

多样的广域网线路类型需要强大、功能完善的链路层协议支持，适应多变的链路类型，并提供一定的安全特性等。PPP 是提供在点到点链路上传递、封装网络层数据包的一种数据链路层协议。由于支持同步/异步线路，能够提供验证，并且易于扩展，因此 PPP 获得了广泛的应用。

6.2.1 PPP 概述

PPP（Point-to-Point Protocol，点对点协议）是一种点到点方式的链路层协议，它是在 SLIP 的基础上发展起来的。

1．PPP 的基本概念

从 1994 年 PPP 诞生至今，PPP 本身并没有太大的改变，但由于 PPP 所具有的其他链路层协议所无法比拟的特性，因此它得到了越来越广泛的应用，其扩展支持协议也层出不穷。

PPP 是一种在点到点链路上传输、封装网络层数据包的数据链路层协议。PPP 处于 OSI 参考模型的数据链路层，主要用于在全双工的同步/异步链路上进行点到点的数据传输。

PPP 可以用于以下几种链路类型。

1）同步和异步专线。

2）异步拨号链路，如 PSTN 拨号连接。

3）同步拨号链路，如 ISDN 拨号连接。

2．PPP 的特点

作为目前使用最广泛的广域网协议，PPP 具有以下特点。

1）PPP 是面向字符的，在点到点串行链路上使用字符填充技术，既支持同步链路，又支持异步链路。

2）PPP 通过 LCP（Link Control Protocol，链路控制协议）部件能够有效控制数据链路的建立。

3）PPP 支持验证协议族 PAP（Password Authentication Protocol，密码验证协议）和 CHAP（Challenge-Handshake Authentication Protocol，竞争握手验证协议），更好地保证了网络的安全性。

4）PPP 支持各种 NCP（Network Control Protocol，网络控制协议），可以同时支持多种网络层协议。典型的 NCP 包括支持 IP 的 IPCP（网际协议控制协议）和支持 IPX 的 IPXCP

（网际信息包交换控制协议）等。

5）PPP 可以对网络层的地址进行协商，支持 IP 地址的远程分配，能满足拨号线路的需求。

6）PPP 无重传机制，网络开销小。

3．PPP 的组成

PPP 并非单一的协议，而是由一系列协议构成的协议族。图 6-5 所示为 PPP 的分层结构。

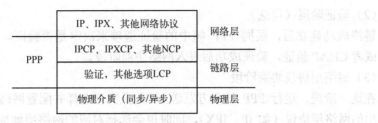

图 6-5　PPP 的分层结构

在物理层，PPP 能使用同步介质，比如综合业务数字网（Integrated Services Digital Network，ISDN）、数字数据网（Digital Data Network，DDN 专线）；PPP 也能使用异步介质，如基于 Modem（调制解调器）的公共交换电话网络 PSTN（Public Switched Telephone Network）。

另外，PPP 通过链路控制协议（Link Control Protocol，LCP）在链路管理方面提供了丰富的服务，这些服务以 LCP 协商选项的形式提供；通过网络控制协议（Network Control Protocol，NCP）提供对多种网络层协议的支持；通过验证协议 PAP（口令验证协议）和 CHAP（询问握手认证协议）提供对 PPP 扩展特性的支持。

PPP 的主要组成及其作用如下。

1）链路控制协议（LCP）：主要用于管理 PPP 数据链路，包括进行链路层参数的协商、建立、拆除和监控数据链路等。

2）网络控制协议（NCP）：主要用于协商所承载的网络层协议的类型及其属性，协商在该数据链路上所传输的数据包的格式与类型，配置网络层协议等。

3）验证协议 PAP 和 CHAP：主要用来验证 PPP 对端设备的身份合法性，在一定程度上保证链路的安全性。

在上层，PPP 通过多种 NCP 提供对多种网络层协议的支持。每一种网络层协议都有一种对应的 NCP 为其提供服务，因此 PPP 具有强大的扩展性和适应性。

6.2.2　PPP 会话的基本原理

1．PPP 会话的建立过程

一个完整的 PPP 会话建立大体需要以下 3 步，如图 6-6 所示。

（1）链路建立阶段

在这个阶段，运行 PPP 的设备会发送 LCP 报文来检测链路的可用情况。如果链路可用，则会成功建立链路，否则链路建立失败。

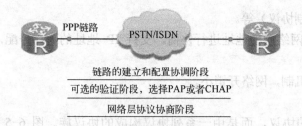

图 6-6　PPP 会话建立过程

（2）验证阶段（可选）

链路成功建立后，根据 PPP 帧中的验证选项来决定是否验证。如果需要验证，则开始 PAP 或者 CHAP 验证，验证成功后进入网络协商阶段。

（3）网络层协议协商阶段

在这一阶段，运行 PPP 的双方发送 NCP 报文来选择并配置网络层协议，双方会协商彼此使用的网络层协议（如 IP、IPX），同时也会选择对应的网络层地址（如 IP 地址或 IPX 地址）。如果协商通过，则 PPP 链路建立成功。

2．PPP 会话流程

PPP 会话流程如图 6-7 所示。

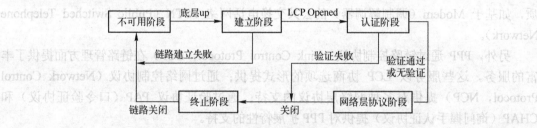

图 6-7　PPP 会话流程

1）当物理层不可用时，PPP 链路处于不可用阶段，链路必须从这个阶段开始和结束。当通信双方的两端检测到物理线路激活（通常是检测到链路上有载波信号）时，就会从当前这个阶段跃迁至下一个阶段。

2）当物理层可用时，进入建立阶段。PPP 链路在建立阶段进行 LCP 协商，协商的内容包括是否采用链路捆绑、使用何种验证方式、最大传输单元等。协商成功后，LCP 进入链路打开（Opened）状态，表示底层链路已经建立。

3）如果配置了验证，则进入认证阶段，开始 CHAP 或 PAP 验证。这个阶段仅支持链路控制协议、验证协议和质量检测数据报文，其他的数据报文都会被丢弃。

4）如果验证失败，则进入终止阶段，拆除链路，LCP 状态转为链路关闭；如果验证成功，则进入网络层协议阶段，由 NCP 协商网络层协议参数，此时 LCP 状态仍为链路打开状态，而 NCP 状态从初始化转到请求。

5）NCP 协商支持 PCP（包括 IPCP 和 IPXCP）协商，IPCP 协商主要包括双方的 IP 地址。通过 NCP 协商来选择和配置一个网络层协议。只有相应的网络层协议协商成功后，该网络层协议才可以通过这条 PPP 链路发送报文。每种网络层协议（IP、IPX 和 AppleTalk）会通过各自相应的网络控制协议进行配置，每个 NCP 可在任何时间打开和关闭。当一个 NCP 的状态变成链路打开状态时，PPP 就可以开始在链路上承载网络层的数据包报文了。

6）PPP 链路将一直保持通信，直至有明确的 LCP 或 NCP 帧来关闭这条链路，或发生了某些外部事件。

7）PPP 能在任何阶断终止链路链接。在载波丢失、验证失败、链路质量检测失败和管理员人为关闭链路等情况下均会导致链路终止。

3. PAP 验证和 CHAP 验证

（1）PAP 验证

PAP 验证为两次握手验证，验证过程仅在链路初始建立阶段进行，验证的过程如图 6-8 所示。

1）被验证方以明文发送用户名和密码到主验证方。

2）主验证方核实用户名和密码。如果此用户名合法且密码正确，则会给对端发送 ACK 消息，通知对端验证通过，允许进入下一阶段协商；如果用户名或密码不正确，则发送 NAK 消息，通知对端验证失败。

为了确认用户名和密码的正确性，主验证方要么检索本机预先配置的用户列表，要么采用类似 RADIUS（远程验证拨入用户服务协议）的远程验证协议向网络上的验证服务器查询用户名及密码信息。

PAP 验证失败后并不会直接将链路关闭。只有当验证失败次数达到一定值时，链路才会被关闭，这样可以防止因误传、线路干扰等造成不必要的 LCP 重新协商过程。

PAP 验证可以在一方进行，即由一方验证另一方的身份，也可以进行双向身份验证。双向验证可以理解为两个独立的单向验证过程，即要求通信双方都要通过对方的验证程序，否则无法建立二者之间的链路。

在 PAP 验证中，用户名和密码在网络上以明文的方式传递，如果在传输过程中被监听，则监听者可以获知用户名和密码，并利用其通过验证，从而可能对网络安全造成威胁。因此，PAP 适用于对网络安全要求相对较低的环境。

（2）CHAP 验证

CHAP 验证为 3 次握手验证，CHAP 是在链路建立的开始完成的。在链路建立完成后的任何时间都可以重复发送进行再验证。CHAP 验证过程如图 6-9 所示。

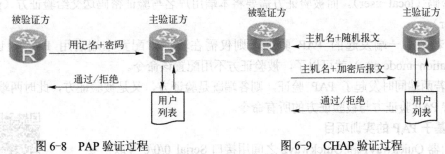

图 6-8　PAP 验证过程　　　　　　　图 6-9　CHAP 验证过程

1）Challenge 阶段（主认证方发送挑战信息）：主验证方主动发起验证请求，主验证方向被验证方发送一个随机产生的数值，并同时将本端的用户名一起发送给被验证方。

2）Response 阶段（被认证方回复认证请求）：被验证方接收到主验证方的验证请求后，检查本地密码。如果本端接口上配置了默认的 CHAP 密码，则被验证方选用此密码；如果没有配置默认的 CHAP 密码，则被验证方根据此报文中主验证方的用户名在本端的用户表中查找该用户对应的密码，并选用找到的密码。随后，被验证方利用 MD5 算法对报文 ID、密码和随机数生成一个摘要，并将此摘要和自己的用户名发回主验证方。

3）Acknowledge、Not Acknowledge 阶段（认证方告知被认证方认证是否通过）：主验证方用 MD5 算法对报文 ID、本地保存的被验证方密码和原随机数生成一个摘要，并与收到的摘要值进行比较。如果相同，则向被验证方发送 Acknowledge 消息声明验证通过；如果不同，则验证不通过，向被验证方发送 Not Acknowledge。

CHAP 单向验证是指一端作为主验证方，另一端作为被验证方。双向验证是单向验证的简单叠加，即两端都是既作为主验证方又作为被验证方。

6.2.3 配置 PPP 认证

1. PAP 认证配置命令

（1）配置 PAP 验证方

1）进入 AAA（认证、授权、计费）认证模式，将端用户名和密码加入本地用户列表，具体操作如下。

```
[Router]aaa
[Router-aaa]local-user username    password {simple | cipher}    password service-type ppp
```

2）启动 PAP 验证，具体操作如下。

```
[Router –Serial1/0] ppp authentication-mode pap
```

（2）配置被验证方

配置被验证方的命令如下。

```
[Router –Serial1/0] ppp pap local-user username    password {simple | cipher}    password
```

在配置 PAP 验证时，需要注意以下问题。

1）若是由一端发起的 PAP 验证，则验证方需要在本地数据库中为被验证方添加一个用户名与密码（local-user）。而被验证方需要将本端用户名与验证密码送交给验证方（ppp pap local-user）。

2）若是由一端发起的 PAP 验证，则仅需在验证方配置本端启用 PAP 验证（ppp authentication-mode pap）就可以了，被验证方不用配置该命令。

3）若两端同时发起了 PAP 验证，则各端既是验证方，又是被验证方，此时两端需同时配置支持 PAP 验证方与被验证方的所有命令。

2. 基于 PAP 的实训项目

路由器 Quickway1 和 Quickway2 之间用接口 Serial 0/0/0 互联，要求路由器 Quickway1（验证方）以 PAP 方式验证路由器 Quickway2（被验证方），如图 6-10 所示。

码 6-4　配置 PAP 认证实例

1）配置路由器 Quickway1（验证方），具体操作如下。

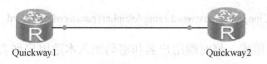

图 6-10　PAP 验证实训拓扑图

```
<Huawei>sys
[Huawei]sysname Quickway1
[Quickway1]aaa
# 在本地数据库中添加一个名为 quickway2、验证密码为 hello 的用户
[Quickway1-aaa] local-user quickway2 password cipher hello
# 配置本端启用 PAP 验证方式
[Quickway1-aaa]q
[Quickway1] interface serial 0/0/0
[Quickway1-Serial0/0/0] ppp authentication-mode pap
```

2）配置路由器 Quickway2（被验证方），具体操作如下。

```
<Huawei>sys
[Huawei]sysname Quickway2
# 配置本端以用户名为 quickway2、密码为 hello 被对端进行验证
[Quickway2] interface serial 0/0/0
[Quickway2-Serial0/0/0] ppp pap local-user quickway2 password cipher hello
```

3．CHAP 认证配置命令

（1）验证方配置命令

1）配置 CHAP 验证的本地用户名，具体操作如下。

```
[Router –Serial1/0]ppp chap user username
```

2）配置本地以 CHAP 方式验证时的口令，具体操作如下。

```
[Router –Serial1/0]ppp chap password {simple|cipher}password password
```

3）进入 AAA 认证模式，将对端用户名和密码加入本地用户列表，具体操作如下。

```
[Router]aaa
[Router-aaa]local-user username    password {simple | cipher}    password
```

4）启动 CHAP 认证，具体操作如下。

```
ppp authentication-mode chap
```

（2）被验证方

1）配置 CHAP 验证的本地用户名，具体操作如下。

```
[Router –Serial1/0]ppp chap user username
```

2）配置本地以 CHAP 方式验证时的口令，具体操作如下。

[Router –Serial1/0]ppp chap password {simple|cipher}password password

3）进入 AAA 认证模式，将对端用户名和密码加入本地用户列表，具体操作如下。

[Router]aaa
[Router-aaa]local-user username　password {simple | cipher}　password

4．基于 CHAP 的实训项目

路由器 Quickway1 和 Quickway2 之间用接口 Serial0/0/0 互联，要求路由器 Quickway1（验证方）以 PAP 方式验证路由器 Quickway2（被验证方），如图 6-11 所示。

码 6-5　配置 CHAP 认证实例

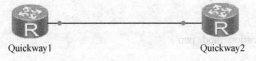

图 6-11　CHAP 验证实训拓扑图

1）配置路由器 Quickway1（验证方），具体操作如下。

```
<Huawei>sys
[Huawei]sysname Quickway1
[Quickway1]aaa
# 在本地数据库中添加一个名为 quickway2、验证密码为 hello 的用户
 [Quickway1-aaa] local-user quickway2 password cipher hello
# 设置本端用户名为 quickway1
[Quickway1] interface serial 0/0/0
[Quickway1-Serial0/0/0] ppp chap user quickway1
# 配置本端启用 CHAP 验证方式
[Quickway-Serial0/0/0] ppp authentication-mode chap
```

2）配置路由器 Quickway2（被验证方），具体操作如下。

```
<Huawei>sys
[Huawei]sysname Quickway2
[Quickway2]aaa
# 在本地数据库中添加一个名为 quickway1、验证密码为 hello 的用户
[Quickway2-aaa] local-user quickway1 password simple hello
# 设置本端用户名为 quickway2
 [Quickway2] interface serial 0/0/0
    [Quickway2-Serial0/0/0] ppp chap user quickway2
```

6.3　NAT 简介

NAT（Network Address Translation，网络地址转换）是 1994 年提出的。当专用网内部的一些主机本来已经分配到了本地 IP 地址（即

码 6-6　NAT 简介

仅在本专用网内使用的专用地址），但现在又想与因特网上的主机通信（并不需要加密）时，可使用 NAT 方法。

这种方法需要在专用网连接到因特网的路由器上安装 NAT 软件。装有 NAT 软件的路由器叫作 NAT 路由器，它至少有一个有效的外部全球 IP 地址。这样，所有使用本地地址的主机在与外界通信时，只有在 NAT 路由器上将其本地地址转换成全球 IP 地址，才能与因特网连接。

6.3.1 NAT 的基本概念

NAT 属于接入广域网（WAN）技术，是一种将私有（保留）地址转换为合法 IP 地址的转换技术，它被广泛应用于各种类型的 Internet 接入方式和各种类型的网络中。NAT 不仅能解决 IP 地址不足的问题，而且还能够有效地避免来自网络外部的攻击，隐藏并保护网络内部的计算机。其主要功能包括宽带分享和安全防护。宽带分享是 NAT 主机的最大功能；安全防护是 NAT 之内的 PC 联机到 Internet 上面时，所显示的 IP 是 NAT 主机的公共 IP，所以 Client 端的 PC 当然就具有一定程度的安全性了，外界在进行端口扫描时，就侦测不到源 Client 端的 PC。

NAT 的实现方式有 3 种：静态转换、动态转换和端口多路复用。

静态转换是指将内部网络的私有 IP 地址转换为公有 IP 地址，IP 地址对是一对一的，是一成不变的，某个私有 IP 地址只转换为某个公有 IP 地址。借助于静态转换，可以实现外部网络对内部网络中某些特定设备（如服务器）的访问。

动态转换是指将内部网络的私有 IP 地址转换为公用 IP 地址时，IP 地址是不确定的，是随机的，所有被授权访问 NAT 连接 Internet 的私有 IP 地址可随机转换为任何指定的合法 IP 地址。也就是说，只要指定哪些内部地址可以进行转换，以及用哪些合法地址作为外部地址，就可以进行动态转换。动态转换可以使用多个合法外部地址集。当 ISP 提供的合法 IP 地址略少于网络内部的计算机数量时，就可以采用动态转换的方式。

端口多路复用是指改变外出数据包的源端口并进行端口转换，即端口地址转换（Port Address Translation，PAT）。采用端口多路复用方式，内部网络的所有主机均可共享一个合法外部 IP 地址以实现对 Internet 的访问，从而可以最大限度地节约 IP 地址资源。同时，又可隐藏网络内部的所有主机，有效避免来自 Internet 的攻击。因此，目前网络中应用最多的就是端口多路复用方式。

传统的 NAT 技术只对 IP 层和传输层头部进行转换处理，但是一些应用层协议在协议数据报文中包含了地址信息。为了使得这些应用也能透明地完成 NAT 转换，NAT 使用一种称为 ALG（Application Level Gateway，应用程序级网关技术）的技术，它能对这些应用程序在通信时所包含的地址信息进行相应的 NAT 转换。例如，对于 FTP 的 PORT/PASV 命令、DNS 协议的"A"和"PTR"queries 命令、部分 ICMP 消息类型等都需要相应的 ALG 来支持。

如果协议数据报文中不包含地址信息，则很容易利用传统的 NAT 技术来完成透明的地址转换功能，通常使用以下应用就可以直接利用传统的 NAT 技术：HTTP、TELNET、FINGER、NTP、NFS、ARCHIE、RLOGIN、RSH、RCP 等。

6.3.2 NAT 的工作原理

借助于 NAT，私有（保留）地址的"内部"网络通过路由器发送数据包时，私有地址被转换成合法的 IP 地址，一个局域网只需使用少量 IP 地址（甚至是一个）即可实现私有地址网络内所有计算机与 Internet 的通信需求。

NAT 将自动修改 IP 报文的源 IP 地址和目的 IP 地址，IP 地址校验则在 NAT 处理过程中自动完成。有些应用程序将源 IP 地址嵌入到 IP 报文的数据部分中，所以还需要同时对报文的数据部分进行修改，以匹配 IP 头中已经修改过的源 IP 地址，否则在报文数据部分嵌入 IP 地址的应用程序就不能正常工作，如图 6-12 所示。

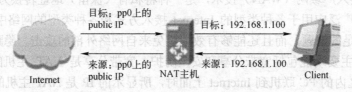

图 6-12　NAT 工作原理

这个 Client（终端）的 Gateway（网关）设定为 NAT 主机，所以当要联上 Internet 时，该封包就会被送到 NAT 主机，这时的封包 Header 的 source IP（源 IP）为 192.168.1.100。而透过这个 NAT 主机，它会将 Client 的对外联机封包的 source IP（192.168.1.100）伪装成 ppp0（假设为拨号连接情况）这个接口所具有的公共 IP。因为是公共 IP，所以这个封包就可以联上 Internet 了，同时 NAT 主机会记忆这个联机的封包是由哪一个（192.168.1.100）Client 端传送来的。如图 6-12 所示，由 Internet 传送回来的封包当然由 NAT 主机来接收了，这时 NAT 主机会查询原本记录的路由信息，并将目标 IP 由 ppp0 上面的公共 IP 改回原来的 192.168.1.100。最后则由 NAT 主机将该封包传送给原先发送封包的 Client。

6.3.3 配置 NAT

在配置 NAT（网络地址转换）之前，首先需要了解内部本地地址和内部全局地址的分配情况。根据不同的需求，执行以下不同的配置任务。

1．内部源地址 NAT 配置

当内部网络需要与外部网络通信时，需要配置 NAT 将内部私有 IP 地址转换成全局唯一 IP 地址。可以配置静态或动态的 NAT 来达到互联互通的目的，或者需要同时配置静态和动态的 NAT。

（1）配置静态 NAT

静态 NAT 是建立内部本地地址和内部全局地址的一对一永久映射。当外部网络需要通过固定的全局可路由地址访问内部主机时，静态 NAT 就显得十分重要。要配置静态 NAT，在全局配置模式中执行以下命令，见表 6-1。

表 6-1　静态 NAT 配置命令表

命　令	作　用
interface interface-type interface-number	进入端口配置模式
nat static global outside-ip-addresss inside inside-ip-address	在端口模式下实现内、外地址映射

以上配置为较简单的配置，可以配置多个 Inside 和 Outside 接口。

（2）配置动态 NAT

动态 NAT 可建立内部本地地址和内部全局地址的临时映射关系，过一段时间没有用就会删除映射关系。要配置动态 NAT，可在全局配置模式中执行以下命令，见表 6-2。

表 6-2　动态 NAT 配置命令表

命　令	作　用
nat address-group　group-id start-address end-address	定义全局 IP 地址池
access-list access-list-number	定义访问列表编号
rule permit source ip-address wildcard	定义访问列表，只有匹配该列表的地址才转换
nat outbound access-list-number address-group group-id no-pat	将 ACL 与内部全局地址关联
nat address-group　group-id start-address end-address	定义全局 IP 地址池
access-list access-list-number	定义访问列表编号
rule permit source ip-address wildcard	定义访问列表，只有匹配该列表的地址才转换

需要注意的是，访问列表的定义使得只在列表中许可的源地址才可以被转换。必须注意访问列表最后的一个规则是否定义全部。访问列表不能定义太宽，要尽量准确，否则将出现不可预知的结果。

2. 内部源地址 NAPT 配置

传统的 NAT 一般是指一对一的地址映射，不能同时满足所有的内部网络主机与外部网络通信的需要。使用 NAPT（网络地址端口转换）可以将多个内部本地地址映射到一个内部全局地址。

NAPT 分为静态 NAPT 和动态 NAPT。静态 NAPT 一般应用在将内部网指定主机的指定端口映射到全局地址的指定端口上。动态 NAPT 是建立内部本地地址和内部全局地址中全局地址端口的临时映射关系。

（1）配置静态 NAPT

在全局配置模式中执行以下命令，见表 6-3。

表 6-3　静态 NAPT 配置命令表

命　令	作　用
interface interface-type interface-number	进入接口配置模式
nat server protocol [tcp/udp] global outside-ip-addresss interface-number inside inside-ip-address interface-number	在接口模式下，实现内外地址映射

（2）配置动态 NAPT

动态 NAPT 配置是在全局配置模式中执行以下命令，见表 6-4。

表 6-4　动态 NAPT 配置命令表

命　令	作　用
access-list access-list-number	定义访问列表编号

(续)

命令	作用
rule permit source ip-address wildcard	定义访问列表，只有匹配该列表的地址才转换
interface interface-type interface-number	进入设备端口
Ip address ip-address netmask	配置端口 IP
nat outbound access-list-number	将 ACL 与内部全局地址关联
access-list access-list-number	定义访问列表编号

NAPT 可以使用内部全局地址中的 IP 地址，也可以直接使用端口的 IP 地址。一般来说，一个地址就可以满足一个网络的地址转换需要，一个地址最多可以提供 64512 个 NAT 地址转换。如果地址不够，则内部全局地址可以多定义几个地址。

3．配置重叠地址 NAT

两个需要互联的私有网络分配了同样的 IP 地址，或者一个私有网络和公有网络分配了同样的全局 IP 地址，这种情况称为地址重叠。两个重叠地址的网络主机之间是不可能通信的，因为它们相互认为对方的主机在本地网络。针对重叠地址的网络之间通信的问题，则配置了重叠地址 NAT，外部网络主机地址在内部网络表现为另一个网络主机地址，反之一样。

4．配置 NAT 实现 TCP 负载均衡

当内部网络的某台主机 TCP 流量负载过重时，可用多台主机进行 TCP 业务的均衡负载。这时，可以考虑配置 NAT 来实现 TCP 流量的负载均衡，它创建了一台虚拟主机以提供 TCP 服务，该虚拟主机对应内部多台实际的主机，然后对目标地址进行轮询置换，以达到负载分流的目的。

5．配置特殊协议网关

默认情况下，特殊协议网关是全部打开的，通过命令可以关闭指定特殊协议网关。除了 FTP 和 DNS 带有参数，其他每个特殊协议都只是开关命令。

6.3.4 基于 NAT 的实训项目

在配置网络地址转换的过程之前，首先必须搞清楚内部端口和外部端口，以及在哪个外部端口上启用 NAT。通常情况下，连接到用户内部网络的端口是 NAT 内部端口，而连接到外部网络（如 Internet）的端口是 NAT 外部端口。

1．静态地址转换的实现

假设内部局域网使用的 IP 地址段为 192.168.0.1～192.168.0.254，路由器局域网端口（即默认网关）的 IP 地址为 192.168.0.1，子网掩码为 255.255.255.0。网络分配的合法 IP 地址范围为 61.159.62.128～61.159.62.135，路由器在广域网中的 IP 地址为 61.159.62.129，子网掩码为 255.255.255.248，可用于转换的 IP 地址范围为 61.159.62.130～61.159.62.134。要求将内部网址 192.168.0.2～192.168.0.6 分别转换为合法 IP 地址 61.159.62.130～61.159.62.134。

码 6-7 静态地址转换的实现

1）设置外部端口，具体操作如下。

```
[Huawei]interface g0/0/0
[Huawei-GigabitEthernet0/0/0]ip address 61.159.62.129 255.255.255.248
```

2）建立静态地址转换，具体操作如下。

在内部本地地址与外部合法地址之间建立静态地址转换，具体操作如下。

```
[Huawei-GigabitEthernet0/0/0]nat static global 61.159.62.130 inside 192.168.0.2
                    //将内部网络地址 192.168.0.2 转换为合法 IP 地址 61.159.62.130
[Huawei-GigabitEthernet0/0/0]nat static global 61.159.62.131 inside 192.168.0.3
                    //将内部网络地址 192.168.0.3 转换为合法 IP 地址 61.159.62.131
[Huawei-GigabitEthernet0/0/0]nat static global 61.159.62.132 inside 192.168.0.4
                    //将内部网络地址 192.168.0.4 转换为合法 IP 地址 61.159.62.132
[Huawei-GigabitEthernet0/0/0]nat static global 61.159.62.133 inside 192.168.0.5
                    //将内部网络地址 192.168.0.5 转换为合法 IP 地址 61.159.62.133
[Huawei-GigabitEthernet0/0/0]nat static global 61.159.62.134 inside 192.168.0.6
                    //将内部网络地址 192.168.0.6 转换为合法 IP 地址 61.159.62.134
```

至此，静态地址转换配置完毕。

2. 动态地址转换的实现

假设内部网络使用的 IP 地址段为 172.16.100.1～172.16.100.254，路由器局域网端口（即默认网关）的 IP 地址为 172.16.100.1，子网掩码为 255.255.255.0。网络分配的合法 IP 地址范围为 61.159.62.128～61.159.62.191，路由器在广域网中的 IP 地址为 61.159.62.129，子网掩码为 255.255.255.192，可用于转换的 IP 地址范围为 61.159.62.130～61.159.62.190。要求将内部网址 172.16.100.2～172.16.100.254 动态转换为合法 IP 地址 61.159.62.130～61.159.62.190。

码 6-8　动态地址转换的实现

1）设置外部端口。

设置外部端口命令的具体操作如下。

```
[Huawei]interface g0/0/0
[Huawei-GigabitEthernet0/0/0]ip address 61.159.62.129 255.255.255.192
                    //将其 IP 地址指定为 61.159.62.129，子网掩码为 255.255.255.192
```

2）创建一个 NAT 内部全局地址，具体操作如下。

```
nat address-group 1 61.159.62.130 61.159.62.190
```

上述命令指明内部全局变量地址的编号为 1（编号范围为 0～7），IP 地址范围为 61.159.62.130～61.159.62.190。

3）定义内部网络中允许访问 Internet 的访问列表，具体操作如下。

```
[Huawei]acl 2000                       //定义一个访问控制列表
[Huawei -acl-basic-2000]rule permit source 172.16.100.0 0.0.0.255
[Huawei -acl-basic-2000]quit
```

如果想将多个 IP 地址段转换为合法 IP 地址，则可以添加多个访问列表。例如，若将

173

172.16.98.0~172.16.98.255 和 172.16.99.0~172.16.99.255 转换为合法 IP 地址，则应当添加以下命令。

```
rule permit source 172.16.98.0 0.0.0.255
rule permit source 172.16.99.0 0.0.0.255
```

4）实现网络地址转换。
将 ACL 与内部全局地址关联，完成地址转换，具体操作如下。

```
[Huawei]interface g0/0/0
[Huawei-GigabitEthernet0/0/0]nat outbound 2000 address-group 1 no-pat
                        //将 ACL 与内部全局地址关联，//no-pat 表示端口不可复用
```

至此，配置完毕。

3. 静态 NAPT

假设内部局域网使用的 IP 地址段为 192.168.0.1~192.168.0.254，路由器局域网端（即默认网关）的 IP 地址为 192.168.0.1，子网掩码为 255.255.255.0。网络分配的合法 IP 地址范围为 61.159.62.128~61.159.62.135，路由器在广域网中的 IP 地址为 61.159.62.129，子网掩码为 255.255.255.248，可用于转换的 IP 地址范围为 61.159.62.130~61.159.62.134。要求将内部网址 192.168.0.1 的 80 端口转换为公网 61.159.62.130 的 8080 端口。

码 6-9 静态 NAPT

（1）设置外部端口

```
[Huawei]interface g0/0/0
[Huawei-GigabitEthernet0/0/0]ip address 61.159.62.130 255.255.255.248
```

（2）建立静态地址转换
在内部本地地址与外部合法地址之间建立静态地址转换，具体操作如下。

```
[Huawei-GigabitEthernet0/0/0] nat server protocol tcp global 61.159.62.130 8080 inside 192.168.0.1 80
              //将内部网络地址 192.168.0.1 的 80 端口转换为公网 61.159.62.130 的 8080 端口
```

4. 动态 NAPT

当 ISP 分配的 IP 地址数量很少，网络又没有其他特殊需求时，即不需要为 Internet 提供网络服务时，可采用动态 NAPT 方式使网络内的计算机采用同一 IP 地址访问 Internet，在节约 IP 地址资源的同时，又可有效保护网络内部的计算机。

码 6-10 动态 NAPT

（1）网络环境
局域网采用 10Mbit/s 光纤，以城域网方式接入 Internet。路由器选用拥有两个 10/100Mbit/s 自适应端口的 Cisco 2611。内部网络使用的 IP 地址段为 192.168.100.1~192.168.100.254，局域网端口 Ethernet 0 的 IP 地址为 192.168.100.1，子网掩码为 255.255.255.0。网络分配的合法 IP 地址范围为 202.99.160.128~202.99.160.131，连接 ISP 的端口 Ethernet 1 的 IP 地址为 202.99.160.129，子网掩码为 255.255.255.252，可用于转换的 IP 地址为 202.99.160.130。要求网络内部的所有计算机均可访问 Internet。

（2）案例分析

由于只有一个可用的合法 IP 地址，同时处于局域网的服务器又只为局域网提供服务，而不允许 Internet 中的主机对其访问，因此完全可以采用动态 NAPT 方式实现 NAT，使得网络内的所有计算机均可独立访问 Internet。

（3）配置清单

1）定义内部网络中允许访问 Internet 的访问列表，其具体操作。

```
[Huawei]acl 2000                                        //定义一个访问控制列表
[Huawei -acl-basic-2000]rule permit source 10.100.100.0 0.0.0.255
[Huawei -acl-basic-2000]quit
```

2）实现网络地址转换。

将 ACL 与内部全局地址关联，完成地址转换，具体操作如下。

```
[Huawei]interface g0/0/0
[Huawei -GigabitEthernet0/0/0] ip address 202.99.160.129 255.255.255.252
[Huawei -GigabitEthernet0/0/0] nat outbound 2000        //将 ACL 与内部全局地址关联
```

至此，配置完毕。

6.4 本章小结

本章主要介绍 HDLC 协议、PPP 认证及 NAT 的概念、工作原理及相应的配置命令。

码 6-11　本章小结

HDLC 协议是面向比特的，HDLC 帧的开头和结尾都以 01111110 作为帧的边界。HDLC 在控制字段中提供了可靠的确认机制，因此它可以实现可靠传输。

PPP 是面向字节的，PPP 在同步传输链路中也采用零比特填充法，而在异步传输链路中则采用特殊的字符填充法。PPP 不提供可靠传输，要靠上层实现保证其正确性。

NAT 地址转换允许企业内部网络使用私有 IP 访问公网 IP，达到了节省公有 IP 的目的。

6.5 本章练习

一、填空题

码 6-12　本章练习答案

1．数据同步的两种方式是_____和_____。

2．同步数据传输的两种控制方式是_____和_____。

3．广域网技术主要体现在 OSI 参考模型的下两层，它们是_____和_____。

4．DTE 是连接的设备，或称数据终端设备，而 DCE 是_____。

5．HDLC 是_____在同步串行链路上进行帧封装的 ISO 标准。

6．_____是为了解决以前互联网所采用的 SLIP 的缺点而开发的，PPP 能够解决动态分配 IP 地址的需要，并提供对上层网络层的多种协议的支持。

7．PPP 主要由 3 部分组成：同步或异步物理介质、LCP 和_____。

8. PPP 主要有两种验证方法：_____和_____。

二、选择题

1. 在路由器上进行广域网连接时，必须设置的参数是（　　）。
   A. 在 DTE 端设置 clock rate　　　B. 在 DCE 端设置 clock rate
   C. 在路由器上配置远程登录　　　D. 添加静态路由

2. 下列关于 HDLC 的说法错误的是（　　）。
   A. HDLC 运行于同步串行线路
   B. 链路层封装标准 HDLC 协议的单一链路只能承载单一的网络层协议
   C. HDLC 是面向字符的链路层协议，其传输的数据必须是规定字符集
   D. HDLC 是面向比特的链路层协议，其传输的数据必须是规定字符集

3. HDLC 是一种面向（　　）的链路层协议。
   A. 字符　　　B. 比特　　　C. 信元　　　D. 数据包

4. 下列协议中，（　　）不是广域网协议。
   A. PPP　　　B. X.25　　　C. HDLC　　　D. RIP

5. 下列关于 PPP 的说法中正确的是（　　）。
   A. PPP 是一种 NCP
   B. PPP 与 HDLC 同属广域网协议
   C. PPP 只能工作在同步串行链路上
   D. PPP 是三层协议

6. 以下封装协议使用 CHAP 或者 PAP 验证方式的是（　　）。
   A. HDLC　　　B. PPP　　　C. SDLC　　　D. SLIP

7. （　　）为两次握手协议，它通过在网络上以明文的方式传递用户名及口令来对用户进行验证。
   A. PAP　　　B. IPCP　　　C. CHAP　　　D. RADIUS

8. PPP 的 CHAP 验证为（　　）次握手。
   A. 1　　　B. 2　　　C. 3　　　D. 4

9. PPP 链路的状态为 serial number is administratively down、line protocol is down 时说明（　　）。
   A. 物理链路有问题　　　B. 接口被管理员 shutdown 了
   C. 参数配置不正确　　　D. 没大问题，重启路由器就行了

10. PPPoE 是基于（　　）的点对点通信协议。
    A. 广域网　　　B. 城域网　　　C. 因特网　　　D. 局域网

11. 以下关于 CHAP 说法，错误的是（　　）。
    A. 发送加密形式的口令　　　B. 发送挑战数
    C. 比 PAP 安全性高　　　D. 使用 3 次握手

三、简答题

1. 简述 PPP 的主要特征。
2. 简述 PPP 会话的建立过程。
3. 试比较 PAP 和 CHAP 的优缺点。

第 7 章 园区网络构建综合应用

本章要点

- 能够根据项目需求画出网络拓扑图。
- 能够根据网络拓扑图完成数据规划。
- 能够熟练地应用华为 eNSP 完成设备配置。

园区网是指大学的校园网及企业的内部网（Intranet），主要特征是路由结构完全由一个机构来管理。园区网主要由计算机、路由器、三层交换机组成。

7.1 项目介绍

某企业总部存在 A、B 两个不同的部门，现在需要建设企业园区网络，实现内部网络的互通，其园区网络拓扑图如图 7-1 所示。

码 7-1 项目介绍

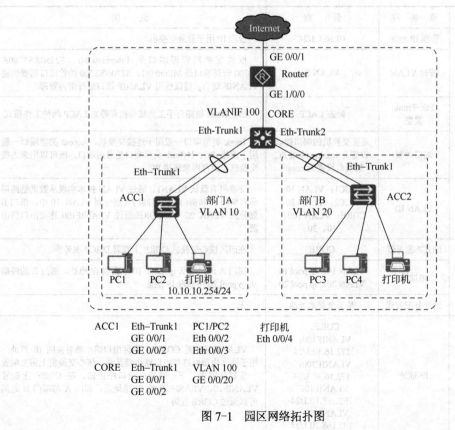

图 7-1 园区网络拓扑图

7.2 项目分析

在小型园区中，华为 S2700&S3700 系列交换机通常部署在网络的接入层，华为 S5700&S6700 系列交换机通常部署在网络的核心，出口路由器一般选用 AR 系列路由器。

码 7-2 项目分析

接入交换机与核心交换机通过 Eth-Trunk 组网以保证可靠性。每个部门业务划分到一个 VLAN 中，部门间的业务在 CORE 上通过 VLANIF 三层互通。

核心交换机作为 DHCP 服务器，为园区用户分配 IP 地址。

接入交换机上配置 DHCP 监听功能，防止内网用户私接小路由器分配 IP 地址；同时配置 IPSG 功能，防止内网用户私自更改 IP 地址。

7.3 项目实施

码 7-3 项目实施

7.3.1 IP 数据规划

在配置之前，需按照以下内容准备好数据。具体数据规划见表 7-1。

表 7-1 数据规划表

操作	准备项	数据	说明
配置管理 IP 和 Telnet	管理 IP 地址	10.10.1.1/24	管理 IP 用于登录交换机
	管理 VLAN	VLAN 5	框式交换机管理端口是 Ethernet0/0/0。S2750&S5700&S6700 管理端口是 MEth0/0/1。S2700/S3700 的管理口需要创建 VLANIF 端口。建议使用 VLANIF 端口进行带内管理
配置端口和 VLAN	Eth-Trunk 类型	静态 LACP	Eth-Trunk 链路有手工负载分担和静态 LACP 两种工作模式
	端口类型	连接交换机的端口建议设置为 trunk，连接 PC 的端口设置为 access	Trunk 类型端口一般用于连接交换机。Access 类型端口一般用于连接 PC。Hybrid 类型端口是通用端口，既可以用来连接交换机，也可用来连接 PC
	VLAN ID	ACC1：VLAN 10 ACC2：VLAN 20 CORE：VLAN 100、10、20	交换机有默认 VLAN1。通过 VLAN 技术实现从数据链路层隔离部门 A 和部门 B，将部门 A 划分到 VLAN 10 中，部门 B 划分到 VLAN 20 中。CORE 通过 VLANIF100 连接出口路由器
配置 DHCP	DHCP 服务器	CORE	在园区核心交换机 CORE 上部署 DHCP 服务器
	地址池	VLAN 10：ip pool 10 VLAN 20：ip pool 20	部门 A 的终端从 ip pool 10 中获取 IP 地址。部门 B 的终端从 ip pool 20 中获取 IP 地址
	地址分配方式	基于全局地址池	无
配置核心交换机路由	IP 地址	CORE， VLANIF100： 172.16.10.1/24 VLANIF300： 172.16.30.1/24 VLANIF10： 192.168.10.1/24 VLANIF20： 192.168.20.1/24	VLANIF100 是 CORE 与园区出口路由器对接的 IP 地址，用于园区内部网络与出口路由器互通。核心交换机上需要配置一条默认路由，下一跳指向出口路由器。在 CORE 上配置 VLANIF10、VLANIF20 的 IP 地址后，部门 A 与部门 B 之间可以通过 CORE 互访

(续)

操作	准备项	数据	说明
配置出口路由器	公网端口 IP 地址	GE0/0/1: 202.101.111.2/30	GE0/0/1 为出口路由器连接 Internet 的端口，一般称为公网接口
	公网网关	202.101.111.1/30	该地址是与出口路由器对接的运营商设备的 IP 地址，出口路由器上需要配置一条默认路由以指向该地址，用于指导内网流量转发至 Internet
	DNS 地址	202.101.111.195	DNS 服务器用于将域名解析成 IP 地址
	内网接口 IP 地址	GE1/0/0: 10.10.100.2/24	GE1/0/0 为出口路由器连接内网的端口
配置 DHCP 监听和 IPSG	信任端口	Eth-Trunk1	无

7.3.2 项目配置

配置流程如图 7-2 所示。其具体过程如下所述。

1．登录设备

1）请使用 Console 通信电缆（随设备附带）连接交换机与 PC。若 PC 无串口，则需要使用 USB 端口转串口的转接线，如图 7-3 所示。

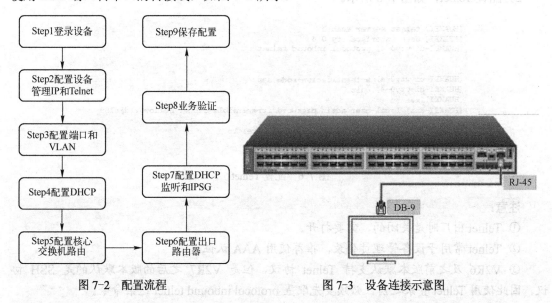

图 7-2 配置流程　　　　　　　　图 7-3 设备连接示意图

2）在 PC 上打开终端仿真软件，新建连接，设置连接的接口及通信参数。连接的端口请根据实际情况进行选择。例如，在 Windows 系统中，可以通过在"设备管理器"中查看端口信息来选择连接的端口。

3）在 PC 的终端仿真软件界面按〈Connect〉键，直到出现图 7-4 所示的信息，提示用户设置登录密码。

注意，密码为字符串形式，区分大小写，长度范围是 8～16。输入的密码至少包含两种类型字符，包括大写字母、小写字母、数字及特殊字符。特殊字符不包括"？"和空格。

```
Please configure the login password (8-16)
Enter Password:
Confirm Password:
```

图 7-4 提示用户设置登录密码

2. 配置设备管理 IP 和 Telnet

配置设备管理 IP 地址后，可以通过设备管理 IP 以远程登录设备。下面以交换机 CORE 为例说明配置管理 IP 和 Telnet 的方法。

1）配置管理 IP 地址，如图 7-5 所示。

```
<HUAWEI> system-view
[HUAWEI] vlan 5  //创建交换机管理VLAN 5
[HUAWEI-VLAN5] management-vlan
[HUAWEI-VLAN5] quit
[HUAWEI] interface vlanif 5  //创建管理VLAN的VLANIF端口
[HUAWEI-vlanif5] ip address 10.10.1.1 24  //配置VLANIF端口IP地址
[HUAWEI-vlanif5] quit
```

图 7-5 配置设备管理 IP 地址

2）配置 Telnet，如图 7-6 所示。

```
[HUAWEI] telnet server enable
[HUAWEI] user-interface vty 0 4
[HUAWEI-ui-vty0-4] protocol inbound telnet

[HUAWEI-ui-vty0-4] authentication-mode aaa
[HUAWEI-ui-vty0-4] quit
[HUAWEI] aaa
[HUAWEI-aaa] local-user admin password irreversible-cipher Helloworld@6789
[HUAWEI-aaa] local-user admin privilege level 15
```

图 7-6 配置 Telnet

注意：
① Telnet 出厂时是关闭的，需要打开。
② Telnet 常用于设备管理员登录，推荐使用 AAA 认证。
③ V2R6 及之前版本默认支持 Telnet 协议，但是 V2R7 之后的版本默认的是 SSH 协议，因此使用 Telnet 登录之前，必须要先配置 protocol inbound telnet 这条命令。
④ 配置管理员 Telnet 登录交换机的用户名和密码，用户名不区分大小写，密码区分大小写。
⑤ 要使用 local-user admin privilege level 15 命令将管理员的账号权限设置为最高。

3）在维护终端上实现 Telnet 方式管理交换机，若出现图 7-7 所示的用户视图的命令行提示符，则表示登录成功。

3. 配置端口和 VLAN

（1）配置接入层交换机

以接入交换机 ACC1 为例，修改交换机设备名称为 ACC1，同时创建 ACC1 的业务

VLAN 10 和 VLAN 20。具体配置命令如图 7-8 所示。

```
C:\Documents and Settings\Administrator> telnet 10.10.1.1 //输入交换机管理IP，并按<Enter>键
Login authentication

Username:admin //输入用户名与密码
Password:
 Info: The max number of VTY users is 5, and the number
       of current VTY users on line is 1.
       The current login time is 2014-05-06 18:33:18+00:00.
<HUAWEI> //用户视图命令行提示符
```

图 7-7 登录成功

```
<HUAWEI> system-view
[HUAWEI] sysname ACC1
[ACC1] vlan batch 10 20
```

图 7-8 配置 VLAN（1）

1）配置 ACC1 连接 CORE1 和 CORE2 的 GE0/0/3 和 GE0/0/4，透传部门 A 和部门 B 的 VLAN。配置 GE0/0/3 和 GE0/0/4 为 trunk 模式，用于透传 ACC1 上的业务，具体配置命令如图 7-9 所示。

```
[ACC1] interface GigabitEthernet 0/0/3
[ACC1-GigabitEthernet0/0/3] port link-type trunk

[ACC1-GigabitEthernet0/0/3] port trunk allow-pass vlan 10 20

[ACC1-GigabitEthernet0/0/3] quit
[ACC1] interface GigabitEthernet 0/0/4
[ACC1-GigabitEthernet0/0/4] port link-type trunk

[ACC1-GigabitEthernet0/0/4] port trunk allow-pass vlan 10 20

[ACC1-GigabitEthernet0/0/4] quit
```

图 7-9 配置 VLAN（2）

2）配置 ACC1 连接用户的端口，使各部门加入 VLAN，如图 7-10 所示。

```
[ACC1] interface GigabitEthernet 0/0/1 //配置连接部门A的端口
[ACC1-GigabitEthernet0/0/1] port link-type access
[ACC1-GigabitEthernet0/0/1] port default vlan 10
[ACC1-GigabitEthernet0/0/1] quit
[ACC1] interface GigabitEthernet 0/0/2 //配置连接部门B的端口
[ACC1-GigabitEthernet0/0/2] port link-type access
[ACC1-GigabitEthernet0/0/2] port default vlan 20
[ACC1-GigabitEthernet0/0/2] quit
```

图 7-10 配置 VLAN（3）

3）配置 BPDU 保护功能，加强网络的稳定性，如图 7-11 所示。

```
[ACC1] stp bpdu-protection
```

图 7-11 配置 VLAN（4）

(2）配置汇聚/核心层交换机

1）以汇聚/核心层交换机 CORE1 为例，创建其与接入交换机、配备设备及园区出口路由器互通的 VLAN。修改该交换机的设备名称为 CORE1，同时批量创建 VLAN，具体配置命令如图 7-12 所示。

```
<HUAWEI> system-view
[HUAWEI] sysname CORE1
[CORE1] vlan batch 10 20 30 40 50 100 300
```

图 7-12　核心/汇聚层 VLAN 配置（1）

2）配置用户侧的端口 VLAN 和 VLANIF，VLANIF 端口用于部门之间互访。以 CORE1 连接 ACC1 的 GE0/0/1 端口为例，其他端口不再赘述。配置 GE0/0/1 为 trunk 模式，用于透传 ACC1 上的业务，具体配置命令如图 7-13 所示。

```
[CORE1] interface GigabitEthernet0/0/1
[CORE1-GigabitEthernet0/0/1] port link-type trunk
[CORE1-GigabitEthernet0/0/1] port trunk allow-pass vlan 10 20
[CORE1-GigabitEthernet0/0/1] quit
[CORE1] interface Vlanif 10
[CORE1-Vlanif10] ip address 192.168.10.1 24
[CORE1-Vlanif10] quit
[CORE1] interface Vlanif 20
[CORE1-Vlanif20] ip address 192.168.20.1 24
[CORE1-Vlanif20] quit
```

图 7-13　核心/汇聚层 VLAN 配置（2）

3）配置连接出口路由器的端口 VLAN 和 VLANIF。配置 GE0/0/7 为 trunk 模式，同时将透传 VLAN 作为 CORE1 与出口路由器的互联 VLAN，配置 VLANIF，使 CORE1 与路由器之间三层互通，具体配置命令如图 7-14 所示。

```
[CORE1] interface GigabitEthernet 0/0/7
[CORE1-GigabitEthernet0/0/7] port link-type trunk
[CORE1-GigabitEthernet0/0/7] port trunk allow-pass vlan 100
[CORE1-GigabitEthernet0/0/7] quit
[CORE1] interface Vlanif 100
[CORE1-Vlanif100] ip address 172.16.10.1 24
[CORE1-Vlanif100] quit
```

图 7-14　核心/汇聚层 VLAN 配置（3）

4）配置两个核心交换机直连的端口 VLAN 和 VLANIF。两个交换机相连的端口的模式配置为 access 模式，具体配置命令如图 7-15 所示。

```
[CORE1] interface gigabitethernet 0/0/5
[CORE1-GigabitEthernet0/0/5] port link-type access
[CORE1-GigabitEthernet0/0/5] port default vlan 300
[CORE1-GigabitEthernet0/0/5] quit
[CORE1] interface Vlanif 300
[CORE1-Vlanif300] ip address 172.16.30.1 24
[CORE1-Vlanif300] quit
```

图 7-15　核心/汇聚层 VLAN 配置（4）

(3) 查看配置结果

1) 在 ACC1 上执行 display vlan, 其具体操作如下。

[ACC1] display vlan

2) 在 CORE1 上执行 display 的显示结果, 其具体操作如下。

[CORE1] display vlan

(4) 配置出口路由器的端口地址

1) 配置互联网内的端口地址, 具体配置命令如图 7-16 所示。

```
<HUAWEI> system-view
[HUAWEI] sysname Router
[Router] interface GigabitEthernet 0/0/1
[Router-GigabitEthernet0/0/1] ip address 172.16.10.2 24

[Router-GigabitEthernet0/0/1] quit
[Router] interface GigabitEthernet 0/0/2
[Router-GigabitEthernet0/0/2] ip address 172.16.20.2 24

[Router-GigabitEthernet0/0/2] quit
```

图 7-16　配置互联网内的端口地址

2) 配置连接公网的 IP 地址, 具体配置命令如图 7-17 所示。

```
[Router] interface GigabitEthernet 0/0/0
[Router-GigabitEthernet0/0/0] ip address 202.101.111.2 30

[Router-GigabitEthernet0/0/0] quit
```

图 7-17　配置连接公网的 IP 地址

(5) 配置静态路由实现网络互通（可选）

若配置动态路由, 此步骤则不需进行。

1) 在 CORE1 和 CORE2 上分别配置一条默认静态路由来指向出口路由器及其备份路由, 其中 CORE1 指向出口路由器的默认路由为 172.16.1.2, CORE2 指向 CORE2 的默认路由为 172.16.3.2。具体配置命令如图 7-18 所示。

```
[CORE1] ip route-static 0.0.0.0 0.0.0.0 172.16.1.2
[CORE1] ip route-static 0.0.0.0 0.0.0.0 172.16.3.2 preference 70

[CORE2] ip route-static 0.0.0.0 0.0.0.0 172.16.2.2
[CORE2] ip route-static 0.0.0.0 0.0.0.0 172.16.3.1 preference 70
```

图 7-18　配置静态路由实现网络互通

2) 在出口路由器配置一条默认静态路由以指向运营商, 如图 7-19 所示。

```
[Router] ip route-static 0.0.0.0 0.0.0.0 202.101.111.1
```

图 7-19　配置默认的静态路由

3）在出口路由器配置到内网的主/备路由，主路由下一跳指向 CORE1，备路由下一跳指向 CORE2，具体配置命令如图 7-20 所示。

```
[Router] ip route-static 192.168.10.0 255.255.255.0 172.16.1.1
[Router] ip route-static 192.168.10.0 255.255.255.0 172.16.2.1 preference 70
[Router] ip route-static 192.168.20.0 255.255.255.0 172.16.1.1
[Router] ip route-static 192.168.20.0 255.255.255.0 172.16.2.1 preference 70
```

图 7-20　配置主备路由

（6）配置允许上网的 ACL

以 VLAN 10 和 VLAN 20 的用户为例进行配置，允许 VLAN 10（172.16.1.0 网段）、VLAN 20（172.16.2.0 网段）的用户上网，具体配置命令如图 7-21 所示。

```
[Router] acl 2000
[Router-acl-basic-2000] rule permit source 192.168.10.0 0.0.0.255
[Router-acl-basic-2000] rule permit source 192.168.20.0 0.0.0.255
[Router-acl-basic-2000] rule permit source 172.16.1.0 0.0.0.255

[Router-acl-basic-2000] rule permit source 172.16.2.0 0.0.0.255
```

图 7-21　配置 ACL

1）在连接公网的端口配置 NAT 转换以实现内网上网，如图 7-22 所示。

```
[Router] interface GigabitEthernet 0/0/0
[Router-GigabitEthernet0/0/0] nat outbound 2000
```

图 7-22　配置 NAT

2）配置 DNS 地址解析功能，DNS 服务器地址由运营商指定，如图 7-23 所示。

```
[Router] dns resolve
[Router] dns server 202.101.111.195
[Router] dns proxy enable
```

图 7-23　配置 DNS

3）做完上述配置之后，给内网 VLAN 10 的用户配置静态地址，网关设置为 192.168.10.3 即可实现上网。

4．配置 DHCP

（1）配置 DHCP 服务器

1）配置 CORE1 作为主用 DHCP 服务器，分配地址段的前一半地址。使用 gateway-list 命令配置网关地址，使用 excluded-ip-address 命令配置地址段的后一半地址，使用 lease 命令配置租期，使用 dns-list 命令配置 DNS 服务器地址，具体配置命令如图 7-24 所示。

2）以 CORE2 作为备份 DHCP 服务器，分配地址段的后一半地址，如图 7-25 所示。

对 VLAN 20 配置 DHCP 动态分配地址的方式同上。

3）配置部门 A 的用户从内部全局地址获取 IP 地址，具体配置命令如图 7-26 所示。

```
<CORE1> system-view
[CORE1] dhcp enable
[CORE1] ip pool 10
[CORE1-ip-pool-10] gateway-list 192.168.10.3
[CORE1-ip-pool-10] network 192.168.10.0 mask 24
[CORE1-ip-pool-10] excluded-ip-address 192.168.10.128 192.168.10.254

[CORE1-ip-pool-10] lease day 0 hour 20 minute 0
[CORE1-ip-pool-10] dns-list 202.101.111.195
[CORE1-ip-pool-10] quit
```

图 7-24 配置 DHCP 服务器

```
<CORE2> system-view
[CORE2] dhcp enable
[CORE2] ip pool 10
[CORE2-ip-pool-10] gateway-list 192.168.10.3
[CORE2-ip-pool-10] network 192.168.10.0 mask 24
[CORE2-ip-pool-10] excluded-ip-address 192.168.10.1 192.168.10.2
[CORE2-ip-pool-10] excluded-ip-address 192.168.10.4 192.168.10.127
[CORE2-ip-pool-10] lease day 0 hour 20 minute 0
[CORE2-ip-pool-10] dns-list 202.101.111.195
[CORE2-ip-pool-10] quit
```

图 7-25 配置备份 DHCP 服务器

```
[CORE1] interface vlanif 10
[CORE1-Vlanif10] dhcp select global
[CORE1-Vlanif10] quit
[CORE2] interface vlanif 10
[CORE2-Vlanif10] dhcp select global
[CORE2-Vlanif10] quit
```

图 7-26 配置全局地址池

4）使用 display ip pool 命令查看内部全局地址 10 的配置和使用情况。

（2）配置 DHCP 监听和 IPSG（IP Source Guard，IP 源防护）

配置了 DHCP 功能之后，部门内的用户主机可以自动获取地址。为了防止员工在内网私自接一个小路由器并开启 DHCP 自动分配地址的功能，导致内网合法用户因获取到了私接的小路由器分配的地址而不能正常上网，还需要配置 DHCP 监听功能。以下以部门 A 为例，说明 DHCP 监听的配置过程。

1）在接入交换机 ACC1 上开启 DHCP 监听功能。使用 dhcp enable 命令开启 DHCP 功能，使用 dhcp snooping enable 开启 DHCP 监听功能，具体配置命令如图 7-27 所示。

```
<ACC1> system-view
[ACC1] dhcp enable
[ACC1] dchp snooping enable
```

图 7-27 在交换机上开启 DHCP 及其监听功能

2）在连接终端的端口上开启 DHCP 监听功能，如图 7-28 所示。

3）在连接 DHCP 服务器的端口上开启 DHCP 监听功能，并将此端口配置为信任端口，如图 7-29 所示。

完成上述配置之后，部门 A 的用户就可以从合法的 DHCP 服务器获取 IP 地址，内网私接的小路由器分配地址不会干扰到内网正常用户。

```
[ACC1] interfaceGigabitEthernet 0/0/1 //配置连接部门A的端口
[ACC1-GigabitEthernet 0/0/1] dhcp snooping enable
[ACC1-GigabitEthernet 0/0/1] quit
[ACC1] interfaceGigabitEthernet 0/0/2 //配置连接部门B的端口
[ACC1-GigabitEthernet 0/0/2] dhcp snooping enable
[ACC1-GigabitEthernet 0/0/2] quit
```

图 7-28　在连接终端的端口上开启 DHCP 监听功能

```
[ACC1] interfaceGigabitEthernet 0/0/3 //配置连接部门CORE1的端口
[ACC1-GigabitEthernet 0/0/3] dhcp snooping enable //使能DHCP监听功能
[ACC1-GigabitEthernet 0/0/3] dhcp snooping trusted //配置为信任端口
[ACC1-GigabitEthernet 0/0/3] quit
[ACC1] interfaceGigabitEthernet 0/0/4 //配置连接CORE2的端口
[ACC1-GigabitEthernet 0/0/4] dhcp snooping enable
[ACC1-GigabitEthernet 0/0/4] dhcp snooping trusted
[ACC1-GigabitEthernet 0/0/4] quit
```

图 7-29　在服务器端口上开启 DHCP Snooping 功能

5．配置 OSPF

由于内网互联使用的是静态路由，在链路出现故障之后需要管理员手动配置新的静态路由，因此造成了网络长时间中断，影响业务。为了减少这种故障的发生，使用动态路由协议是一种不错的选择。动态路由有自己的算法，在链路出现故障之后，动态路由根据自己的算法及时把流量切换到正常的链路，等到故障恢复之后流量又切换过来。下面以 OSPF 为例进行配置。

1）删除两台汇聚/核心层交换机的静态路由配置，如图 7-30 所示。

```
[CORE1] undo ip route-static all
[CORE2] undo ip route-static all
```

图 7-30　删除两台汇聚/核心层交换机的静态路由

2）删除出口路由器到内网的静态路由并保留到公网的默认路由，如图 7-31 所示。

```
[Router] undo ip route-static 192.168.10.0 24
[Router] undo ip route-static 192.168.20.0 24
```

图 7-31　删除出口路由器到内网的静态路由

3）配置 CORE1 的 OSPF，如图 7-32 所示。

```
[CORE1] ospf 100 router-id 2.2.2.2
[CORE1-ospf-100] area 0
[CORE1-ospf-100-area-0.0.0.0] network 172.16.1.0 0.0.0.255
[CORE1-ospf-100-area-0.0.0.0] network 172.16.3.0 0.0.0.255
[CORE1-ospf-100-area-0.0.0.0] network 192.168.10.0 0.0.0.255
[CORE1-ospf-100-area-0.0.0.0] network 192.168.20.0 0.0.0.255
```

图 7-32　配置 CORE1 的 OSPF

4）配置 CORE2 的 OSPF，如图 7-33 所示。

5）配置出口路由器的 OSPF

为了连接内网和公网，需要配置指向公网的静态默认路由，OSPF 进程需要引入默认路由，同时需要配置一条默认静态路由指向运营商，如图 7-34 所示。

```
[CORE2] ospf 100 router-id 3.3.3.3
[CORE2-ospf-100] area 0
[CORE2-ospf-100-area-0.0.0.0] network 172.16.2.0 0.0.0.255
[CORE2-ospf-100-area-0.0.0.0] network 172.16.3.0 0.0.0.255
[CORE2-ospf-100-area-0.0.0.0] network 192.168.10.0 0.0.0.255
[CORE2-ospf-100-area-0.0.0.0] network 192.168.20.0 0.0.0.255
```

图 7-33 配置 CORE2 的 OSPF

```
[Router] ospf 10 router-id 1.1.1.1
[Router-ospf-10] default-route-advertise always
[Router-ospf-10] area 0
[Router-ospf-10-area-0.0.0.0] network 172.16.1.0 0.0.0.255
[Router-ospf-10-area-0.0.0.0] network 172.16.2.0 0.0.0.255
[Router] ip route-static 0.0.0.0 0.0.0.0 202.101.111.1
```

图 7-34 配置出口路由器的 OSPF

6．链路聚合

当 CORE1 或者 CORE2 的上行发生故障时，流量经过 CORE1 和 CORE2 互联的链路，但是单条链路有可能带宽不够，因而造成数据丢失。为了增加带宽，把多条物理链路捆绑为一条逻辑链路，增加带宽的同时提高了链路的可靠性，如图 7-35 所示。

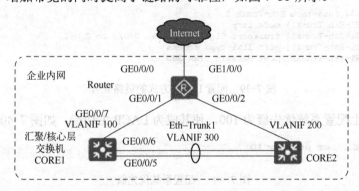

图 7-35 部分园区网络拓扑图

（1）恢复端口默认配置

如果端口是默认配置，则直接进行配置即可，将端口恢复为默认配置的步骤和命令如图 7-36 所示。

```
[CORE1] interface GigabitEthernet 0/0/5
[CORE1-GigabitEthernet0/0/5] dis this
#
interface GigabitEthernet0/0/5
 port link-type access
 port default vlan 300
#
return
[CORE1-GigabitEthernet0/0/5] undo port default vlan
[CORE1-GigabitEthernet0/0/5] undo port link-type
```

图 7-36 恢复端口默认配置

(2) 开启端口

V2R5 及之后的版本可以用一条命令把端口恢复为初始配置，恢复之后端口被关闭了，需要手动通过 undo shutdown 来开启，如图 7-37 所示。

```
[CORE1-GigabitEthernet0/0/5] clear configuration this
Warning: All configurations of the interface will be cleared, and its state
will be shutdown. Continue? [Y/N] :y
Info: Total 2 command(s) executed, 2 successful, 0 failed.
[CORE1-GigabitEthernet0/0/5] undo shutdown
```

图 7-37　恢复初始配置

(3) 配置链路聚合

配置的步骤和命令如下。

1) 配置手工负载分担方式的链路聚合，如图 7-38 所示。

```
[CORE1] interface Eth-Trunk 1
[CORE1-Eth-Trunk1] trunkport GigabitEthernet 0/0/5 to 0/0/6
[CORE1-Eth-Trunk1] port link-type access
[CORE1-Eth-Trunk1] port default vlan 300
```

图 7-38　配置手工负载分担方式的链路聚合

2) 配置 LACP 方式的链路聚合，如图 7-39 所示。

```
[CORE1] interface Eth-Trunk 1
[CORE1-Eth-Trunk1] mode lacp
[CORE1-Eth-Trunk1] trunkport GigabitEthernet 0/0/5 to 0/0/6
[CORE1-Eth-Trunk1] port link-type access
[CORE1-Eth-Trunk1] port default vlan 300
```

图 7-39　配置 LACP 方式的链路聚合

在 CORE1 上配置系统优先级为 100，使其成为 LACP 主动端，如图 7-40 所示。

```
[CORE1] lacp priority 100
```

图 7-40　配置系统优先级

在 CORE1 上配置活动端口上限阈值为 2，如图 7-41 所示。

```
[CORE1] interface Eth-Trunk 1
[CORE1-Eth-Trunk1] max active-linknumber 2
```

图 7-41　配置活动阈值上限

在 CORE1 上配置端口优先级以确定活动链路（配置 GE0/0/5 和 GE0/0/6 为活动链路），如图 7-42 所示。

CORE2 的配置同上，只是不需要配置系统优先级，使用系统默认的优先级即可。

7. 业务验证和保存配置

1) 业务验证。

① 从两个部门内各选一台 PC 进行 ping 测试，验证部门之间通过 VLANIF 实现三层互

通是否正常。

```
[CORE1] interface GigabitEthernet 0/0/5
[CORE1-GigabitEthernet0/0/5] lacp priority 100
[CORE1-GigabitEthernet0/0/5] quit
[CORE1] interface GigabitEthernet 0/0/6
[CORE1-GigabitEthernet0/0/6] lacp priority 100
[CORE1-GigabitEthernet0/0/6] quit
```

图 7-42 配置优先级

② 部门内部选两台 PC 进行 ping 测试，验证部门内部二层互通是否正常。

部门 A 的用户是通过 ACC1 实现二层互通的。如果部门 A 的用户之间进行 ping 测试正常，则说明部门 A 内的二层互通正常。ping 测试命令与步骤①类似。

③ 每个部门各选一台 PC 对公网地址进行 ping 测试，验证公司内网用户访问 Internet 是否正常。

以部门 A 为例，一般可以通过在 PC1 上 ping 公网网关地址（即与出口路由器对接的运营商设备的 IP 地址）来验证是否可以访问 Internet，如果 ping 测试正常，则说明内网用户访问 Internet 正常。ping 测试命令与步骤①类似。

2）保存配置，如图 7-43 所示。

```
<CORE1> save
The current configuration will be written to the device.
Are you sure to continue?[Y/N]y
Now saving the current configuration to the slot 0..
Save the configuration successfully.
```

图 7-43 保存配置

7.4 本章小结

本章引入园区网项目，通过完成项目需求的方式综合应用了 VLAN 配置、链路聚合、OSPF、访问控制列表等相关技术。

本章主要做了以下两个方面的工作：第一，分析了园区网络的特点，按网络设计与组网课程的要求规划设计一个完整的园区网络；第二，使用华为的 eNSP 对网络进行了简单的模拟，以实现网络的互通互联，对各层设备进行了配置。

码 7-4 本章小结

7.5 本章练习

一、选择题

码 7-5 本章练习答案

1. 传统交换机主要工作在网络层次模型中的（　　）。
   A. 物理层　　　　B. 链路层　　　　C. 网络层　　　　D. 传输层
2. 管理员在（　　）视图下才能为路由器修改设备名称。
   A. User-view　　　　　　　　　　　B. System-view
   C. Interface-view　　　　　　　　　D. Protocol-view

3. 路由器上电时，会从默认存储路径中读取配置文件以进行路由器的初始化工作。如果默认存储路径中没有配置文件，则路由器会使用（　　）来进行初始化。
   A. 新建配置　　　　　B. 初始配置　　　　C. 默认配置　　　　D. 当前配置
4. 管理员想通过配置静态浮动路由来实现路由备份，则正确的实现方法是（　　）。
   A. 管理员需要为主用静态路由和备用静态路由配置不同的协议优先级
   B. 管理员只需要配置两个静态路由就可以了
   C. 管理员需要为主用静态路由和备用静态路由配置不同的 TAG
   D. 管理员需要为主用静态路由和备用静态路由配置不同的度量值
5. 下面（　　）命令是把 PPP 的认证方式设置为 PAP。
   A. ppp pap   B. ppp chap
   C. ppp authentication-mode pap   D. ppp authentication-mode chap
6. 管理员在（　　）视图下才能为路由器修改设备名称。
   A. User-view   B. System-view
   C. Interface-view   D. Protocol-view
7. 以下关于生成树协议中的 Forwarding 的状态描述错误的是（　　）。
   A. Forwarding 状态的端口可以接收 BPDU 报文
   B. Forwarding 状态的端口不学习报文源 MAC 地址
   C. Forwarding 状态的端口可以转发数据报文
   D. Forwarding 状态的端口可以发送 BPDU 报文
8. 使用单臂路由实现 VLAN 间通信时，通常的做法是采用子端口，而不是直接采用物理端口，这是因为（　　）。
   A. 物理端口不能封装 802.1Q
   B. 子端口转发速度更快
   C. 用子端口能节约物理端口
   D. 子端口可以配置 Access 端口或 Trunk 端口
9. 管理员发现两台路由器在建立 OSPF 邻居时，停留在 two-way 状态，则下面描述正确的是（　　）。
   A. 路由器配置了相同的进程 ID
   B. 路由器配置了相同的区域 ID
   C. 路由器配置了错误的 Router ID
   D. 这两台路由器是广播型网络中的 DR Other 路由器
10. 关于上述配置命令的说法错误的是（　　）。

```
<Huawei>system-View
[Huawei]user-interface console 0
[Huawei-ui-console0]user privilege level 15
[Huawei-ui-console0]authentication-mode password
[Huawei-ui-console0]set authentication password cipher huawei2012
[Huawei-ui-console0]quit
```

A．管理员希望通过 Console 端口来登录和管理设备
B．配置完成之后，管理员无法通过远程登录方式来实现设备管理
C．通过 Console 登录设备的用户拥有最高的用户权限级别
D．通过 Console 登录设备的用户的密码为 cipher huawei2012

二、应用题

公司有技术部和工程部两个部门，要实现对 Internet 的服务器 PC3 的访问，但两个部门之间不能互相访问。网络拓扑图如图 7-44 所示。

1）按拓扑图连接设备。
2）按规划配置 IP 地址（电子版表格形式）。
3）在交换机 SW1、SW2 上正确划分 VLAN，并正确配置端口类型。
4）在内网规划动态路由（OSPF or RIP）。
5）使用包过滤防火墙使两个部门之间不能互相访问。
6）在 RT1 上向内网宣告默认路由。
7）使用 NAT 技术实现内网用户对公网 Internet 的访问（自己规划内部全局地址）。
8）进行连通性测试。

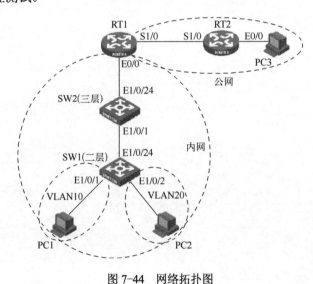

图 7-44 网络拓扑图

参 考 文 献

[1] 田果，刘丹宁，余建威. 网络基础[M]. 北京：人民邮电出版社，2017.
[2] 王达. 华为路由器学习指南[M]. 北京：人民邮电出版社，2017.
[3] 王达. 华为交换机学习指南[M]. 北京：人民邮电出版社，2017.
[4] 华为技术有限公司. 华为 HCNA 认证详解与学习指南[M]. 北京：电子工业出版社，2017.
[5] 华为技术有限公司. 华为 HCNP 认证详解与学习指南[M]. 北京：电子工业出版社，2017.
[6] 张国清. 网络设备配置与调试项目实训[M]. 3 版. 北京：电子工业出版社，2015.
[7] 邱洋，计大威. 网络设备配置与管理[M]. 北京：电子工业出版社，2016.